柑橘园套种
绞股蓝

绞股蓝大多
为7片叶

绞股蓝叶片

刚定植
绞股

果园套种绞股蓝

绞股蓝的花

绞股蓝果实

绞股蓝成片种植

绞股蓝与
辣椒间种

绞股蓝攀援生长

绞股蓝种子

绞股蓝与
玉米间种

坡地种植绞股蓝

绞股蓝果实

绞股蓝的根系

山坡地林下
间种绞股蓝

建设新农村农产品标准化生产丛书

# 绞股蓝标准化生产技术

主　编

禹玉华

编著者

马　媛　刘建凯　张誉其　罗洪星

曾东秋　李庆国　何初甲　刘炳辉

金　盾　出　版　社

## 内 容 提 要

本书由中国科学院华南植物园专家编著。内容包括：中药材标准化生产的概念和意义，绞股蓝标准化生产的品种选择，播种与育苗，田间管理，施肥技术，病、虫、草害防治，留种、采收与加工，包装、贮藏与运输，以及绞股蓝标准化生产的质量标准与监测等。此外，本书还介绍了绞股蓝的产地、药用价值、生物学特性、种质资源分布等方面的知识。本书内容丰富、通俗易懂、技术先进、可操作性与科学性强，适合广大中药材栽培者、中医药爱好者及专业技术人员阅读，亦可供农业院校师生、中医药教学和科研工作者以及标准化管理工作者参考。

**图书在版编目(CIP)数据**

绞股蓝标准化生产技术/禹玉华主编．—北京：金盾出版社，2009．9

(建设新农村农产品标准化生产丛书)

ISBN 978-7-5082-5897-3

Ⅰ．绞…　Ⅱ．禹…　Ⅲ．绞股蓝—栽培—标准化　Ⅳ．S567．23

中国版本图书馆 CIP 数据核字(2009)第 121085 号

**金盾出版社出版、总发行**

北京太平路 5 号(地铁万寿路站往南)

邮政编码：100036　电话：68214039　83219215

传真：68276683　网址：www.jdcbs.cn

封面印刷：北京 2207 工厂

彩页正文印刷：北京印刷一厂

装订：兴浩装订厂

各地新华书店经销

开本：787×1092 1/32　印张：3．375　彩页：4　字数：72 千字

2009 年 9 月第 1 版第 1 次印刷

印数：1～8 000 册　定价：7．00 元

# 序　　言

随着改革开放的不断深入，我国的农业生产和农村经济得到了迅速发展。农产品的不断丰富，不仅保障了人民生活水平持续提高对农产品的需求，也为农产品的出口创汇创造了条件。然而，在我国农业生产的发展进程中，亦未能避开一些发达国家曾经走过的弯路，即在农产品数量持续增长的同时，农产品的质量和安全相对被忽略，使之成为制约农业生产持续发展的突出问题。因此，必须建立农产品标准化体系，并通过示范加以推广。

农产品标准化体系的建立、示范、推广和实施，是农业结构战略性调整的一项基础工作。实施农产品标准化生产，是农产品质量与安全的技术保证，是节约农业资源、减少农业面源污染的有效途径，是品牌农业和农业产业化发展的必然要求，也是农产品国际贸易和农业国际技术合作的基础。因此，也是我国农业可持续发展和农民增产增收的必由之路。

为了配合农产品标准化体系的建立和推广，促进社会主义新农村建设的健康发展，金盾出版社邀请农业生产和农业科技战线上的众多专家、学者，组编出版了《建设新农村农产品标准化生产丛书》。"丛书"技术涵盖面广，涉及粮、棉、油、肉、奶、蛋、果品、蔬菜、食用菌等农产品的标准化生产技术；内容表述深入浅出，语言通俗易懂，以便于广大农民也能阅读和使用；在编排上把农产品标准化生产与社会主义新农村建设巧妙地结合起来，以利农产品标准化生产技术在广大农村和广大农民群众中生根、开花、结果。

我相信该套"丛书"的出版发行，必将对农产品标准化生产技术的推广和社会主义新农村建设的健康发展发挥积极的指导作用。

王连铮

2006 年 9 月 25 日

---

注：王连铮教授是我国著名农业专家，曾任农业部常务副部长、中国农业科学院院长、中国科学技术协会副主席、中国农学会副会长、中国作物学会理事长等职。

# 前　　言

中医中药是中华民族的瑰宝，中药材是我国宝贵的物质财富，具有悠久历史和特殊疗效的中医药备受世界瞩目。我国加入WTO后，为中医药走向世界提供了前所未有的机遇。面对我国中药材生产长期存在的诸多问题和国际市场日益加高的技术壁垒，我国已制定并正式颁布实施《中药材生产质量管理规范》(GAP)(试行)，旨在专门对中药材生产实施标准化种植与管理，保持我国中药材的正统地位，发挥我国众多地道药材的特色和优势，创建优良中药材品牌，生产出安全、高效、质量稳定和可控的绿色中药材，为中药的标准化、现代化和国际化奠定良好的基础。

近年来，全国药材基地建设热潮空前高涨，不少地方政府结合当地农业产业结构调整，大力引导农民发展多品种、大面积的药材种植；但是由于贯彻实施《中药材生产质量管理规范》(试行)的力度不够，农民缺乏中药材规范化种植技术和市场信息的指导，使不少药材的种植背离了GAP指导原则，其结果将使药材生产的质量难以达到标准化、稳定化以及绿色无污染的要求，不能满足现代中药商业、工业对中药材原料的需求和中药现代化、国际化的需要。因此，国家组织了专门机构对全国药材生产基地和品种按照有关标准进行验收和认证，通过认证的生产基地和产品，给予注册和统一标志，并按照国家制定的有关技术标准和全程质量控制措施等规定进行标准化生产和销售；没有通过认证的基地和品种，将不准生产和销售。

20世纪80年代初，我国引进日本产的、皂苷含量高的绞股蓝新品种在广东花县（现为广州市花都区）大面积种植成功，并对其皂苷类化学成分进行了初步研究。随后，我国各地开展了绞股蓝种质资源调查、生物学特性、繁殖、栽培、加工利用、药理、毒理和临床试验等方面的研究工作，已生产出绞股蓝茶、口服液、皂苷片、中药饮片、美容化妆品、饮料和保健品以及食品添加剂等系列产品。为了保护和合理利用绞股蓝这一珍贵的中药资源，非常有必要建立绞股蓝标准化种植基地，以保证资源的可持续利用和永续发展。

鉴于此，为适应中医药科技的发展和社会的需要，结合广东和润堂保健品实业有限公司连南种植基地实施的国家农业综合开发项目——粤北地道中药材标准化种植与加工，以及我们承担的广东省田园农业科技服务专家行动计划——优良绞股蓝新品种种植与推广研究，我们按照《中药材生产质量管理规范》（试行）的要求，对绞股蓝标准化种植的产前、产中和产后等各个环节进行了系统的调查、研究、总结和整理，并编写成书。本书力求技术先进实用，简明扼要，通俗易懂，并辅以必要的附图；可供从事中药材种植、采收、加工、营销、研究和开发等人员使用，也可供广大中医药工作者、中药材种植工作者和医药院校师生阅读参考。同时，也是中药材规范化种植的从业人员进行技术培训的良师益友。

由于笔者的学识水平、阅历和经验有限，错误和不足之处在所难免，敬请同行专家、学者及广大读者批评指正并提出宝贵意见。

编 著 者

2009年3月28日

# 目　录

# 第一章　中药材标准化生产的概念和意义

## 一、标准化的概念

国际标准化组织(ISO)在其指南 2-1991 中对标准的定义是:为在一定范围内获得最佳秩序,对活动及其结果规定共同的和重复使用的规则、指导原则或特定性文件。该文件经协商一致制定并经过一个公认机构的批准。标准的基本含义就是“规定”,即在特定的地域和年限里对其对象做出的“一致性”规定。标准的制定和贯彻以科学技术和实践的综合成果为基础,标准是协商一致的结果;标准由特定的这一本质赋予标准具有强制性、约束性和法规性。标准是具有科学性和实效性的特性的。它包含标准化对象、领域内容,本质(统一)和目的,它可以改进产品、过程和访问适应性,以便于技术协作,消除贸易壁垒。

## 二、中药材标准化

中药材标准化是以中药材产业为对象的标准化活动,即运用“统一、简化、协调、优化”的原则,对中药材生产的产前、产中、产后全过程,通过制定标准和实施标准,促进产品的质量和安全,促进产品流通,规范药材产品市场秩序,指导生产,引导消费,从而取得经济、社会和生态的最佳效益,达到提高中药材产业竞争力的目的。

### （一）统一原理

统一原理就是为了保证中药材产业发展必需的秩序和效率，对中药材产业的各项活动、产品品质、规格或其他特性，确定适应于一定时间和一定条件下的一致规范，并使这种一致规范与被取代的中药材标准化对象在功能上达到等效。所以，统一原理包括中药材标准化对象一致规范，功能等效，统一是相对的，统一只是一种手段，其目的是获得最佳效益。

### （二）简化原理

简化原理就是以发展高产、高效、优质药材产品为目标，为了经济有效地满足中药材产业各项活动的需要，对中药材标准化对象的数量、规格或其他特征筛选提炼，剔除其中多余的低效能的环节，精炼并确定出能满足中药材产业各项活动全面需要所必要的高效能的环节，保持整体构成精炼合理，达到节本、省工、优质和增效的目的。

### （三）协调原理

协调原理就是为了使中药材标准化系统功能达到最佳，并产生实际效果，必须通过有效的方式协调系统内外相关因素之间的关系，确立为建立和保持相互一致、适应或平衡关系所必须具备的条件。从微观上看，协调原理也很重要，如在绞股蓝标准化生产中，不但要有处理好的种子或种苗，还要有遮荫、肥水和病虫害防治等一系列工作，再将此问题扩展到产业化，还有包装、运输和流通等环节，只要一个环节不合理，都难以达到有效性和经济性。

### （四）选优原理

选优原理就是按特定的目标，在一定限制条件下以中药材科学技术和实践的综合成果为基础，对中药材标准化对象的大小形状、色泽、生产成本等参数及其关系进行选择，设计组合和调整，达到最理想的效果目标。

## 三、中药材标准化的特点

### （一）标准化的主要对象是有生命的

中药材的栽培是在不易控制的自然环节中，通过中药材的生命过程来实现的，在一定时间和空间内将哪些产品、哪种技术列为标准化对象，都受到具体的社会经济条件和自然条件的制约，与工业相比，新技术、新方法开发难度比工业大，中药材生产条件是千差万别的，土壤、气温、降水、风力、日照和无霜期的长短，都会对栽培技术产生不同的影响，中药材标准化对象受外界影响的相关因素较多，受自然条件影响较大，其经济效果往往并不一样，在制定、实施标准时，要充分注意标准化对象这一特点。

### （二）中药材标准化的地区性

我国地域辽阔，地跨寒带、温带、亚热带和热带，不同地区差异很大。世界上许多国家按照自然条件、地理环境和药材特点，划分适合各种药材的生长带。同一种药材，由于地区的差异，标准也就不同，因此要设有药材的地方标准。长江以南地区，气候温暖多雨，土壤及水质偏酸性，与长江以北冷凉少雨，土壤及水质偏碱性不同，其制定标准时就应该有很大的差异。

### （三）中药材标准化的复杂性

中药材标准化的复杂性表现为药材种类繁多，制定标准周期长，所以要考虑的相关因素也比较多。中药材生产周期长，制定标准的周期也比较长。制定标准的生产试验，1 年（草本）或几年（多年生植物）才能进行 1 次，这与制定工业标准、农作物标准显然不同，统计数据通常需要 2～5 年时间。

## 四、中药材标准化空间

中药材是农业的一个重要组成部分，但是它的重要属性是药，因此它的生产管理系统长期独立于农业系统之外，属于医药卫生系统管辖。但要讲中药材生产标准操作规程，必须回到大农业，农业生态体系中去考察。因此，首要一条是要把高产、优质、高效的“两高一优”的农业方针作为我国中药材产业的可持续发展战略。把药材生产纳入农业生态良性循环的农业生产大体系中。将农业生态优化工程与生态农业的实用技术结合起来，逐步发展种植业、养殖业和加工业紧密结合的综合生产体系，以达到总体功能最优化的目的。生态工程是应用生态系统中物种共生与物质循环再生原理、结构与功能协调原则，结合系统工程的最优化方法，设计分层多级利用物质的生产工艺系统，具体地说，农林复合生态工程，包括林、粮、药间作，果、桑、粮、菜、药间作，林竹、林药等复合生态系统建设。最典型的是东北人参在物种共生互利原理指导下进行的林参、林药间作等形式，减少了森林的砍伐，保护了生态环境。

中药材是农业的组成部分之一，它的生产技术与农业生产技术有许多共同点，可以嫁接、移植农业方面的新科技和新技术到药材生产上，为药材生产所用。下面是有关农业标准化空间的一些内容，可供我们参考和借鉴。

农业标准化空间由农业对象（或领域）、内容和级别的三维空间组成。

农业标准化空间的 X 维代表着农业标准化的对象，而对象所涉及的行业主要为种植业、畜牧业、林业、渔业、农用微生物业以及农产品加工业、环保业、安全卫生等领域。

农业标准化空间的 Y 维代表农业标准化的内容，包括术语、符号代号、方法、要求、品种、规格、质量、等级、试验、检验、包装、贮存、运输和使用等内容。

农业标准化空间的 Z 维代表农业标准化的级别，包括农业国际标准化、农业区域标准化、农业国家标准化、农业行业标准化、农业地方标准化及农业企业标准化。

## 五、标准化表述

根据《中华人民共和国标准化法》的规定，我国标准分为国家标准、行业标准、地方标准及企业标准四级。同时，各级标准都有各自的标准号。标准号是由标准代号、编号和年号所组成的，具体表述如下：

标准代号　　　　编　号　　　　年　号

在我国，标准代号由大写汉字拼音字母组合而成。如国家标准的代号为“GB”，亦即国标（Guo Biao）首个字母组合而成；行业标准代号：农业 NY，水产 SC，林业 LY，烟草 YC，纺织 FZ，化工 HG，环保 HB，水利 SL。地方标准的代号由汉语拼音字母“DB”(Di Biao)加上省、自治区、直辖市行政区划代码的前两位数字表示，见表 1-1。

**表 1-1　我国省、自治区、直辖市代码**

| 名　称 | 代　码 | 名　称 | 代　码 | 名　称 | 代　码 | 名　称 | 代　码 |
|---|---|---|---|---|---|---|---|
| 北京 | 11 | 上海 | 31 | 湖北 | 42 | 西藏 | 54 |
| 天津 | 12 | 江苏 | 32 | 湖南 | 43 | 陕西 | 61 |
| 河北 | 13 | 浙江 | 33 | 广东 | 44 | 甘肃 | 62 |
| 山西 | 14 | 安徽 | 34 | 广西 | 45 | 青海 | 63 |
| 内蒙古 | 15 | 福建 | 35 | 海南 | 46 | 宁夏 | 64 |
| 辽宁 | 21 | 江西 | 36 | 四川 | 51 | 新疆 | 65 |
| 吉林 | 22 | 山东 | 37 | 贵州 | 52 | 台湾 | 71 |
| 黑龙江 | 23 | 河南 | 41 | 云南 | 53 | | |

企业标准的代码由汉语字母 Q 加斜线再加企业代码组成。企业代码可以用汉语拼音字母或阿拉伯数字或两者兼用，具体办法由当地行政主管部门规定。

标准编号一般为数字或数字加字母，表示标准的顺序号码和发布时间。如 GB 7716—1995，表示 1995 年发布的第 7716 号国家标准。

强制性国家标准的代号为“GB”，推荐性国家标准的代号为“GB/T”。

如 GB/T 17356.1—1998 表示 1998 年发布的第 17356 号的第一个推荐性国家标准，是西洋参加工产品分等质量标准之一。

如农业行业标准 NY 5010—2001，表示 2001 年发布的第 5010 号农业标准。

如 DB 22/T 811—1993，表示 1993 年发布的第 81 号地方推荐性标准，是 1993 年吉林省制定的西洋参综合标准。

如 Q/32 1203 XM 001—1999，就是企业标准，是江苏省高邮市红太阳集团 1999 年制定的松花蛋企业标准。

## 六、中药材标准的分类

中药材标准体系是由众多农业标准组成的一个庞大而复杂的系统。为了不同的目的和用途，可以从各种不同的角度，对中药材标准进行分类。按照中药材标准化内容可分术语标准、基础标准、品种标准、质量标准、包装标准、试验标准、方法标准、安全标准和卫生标准等。

按照中药材标准的属性，可分中药材基础标准、中药材技术标准和中药材管理标准。本书内容属于中药材技术标准。

按照中药材标准实施强制程度可分强制性中药材标准和推荐性中药材标准。

## 七、中药材标准的制定

### (一)中药材标准的编写方法

**1. 基本原则** 科学上可信，技术上可行，经济上合理；编排格式、叙述方式应严格统一；编写、审查、使用都有一定的程序要求。要广泛征求意见，多方协商，反复修改和严格论证；充分利用和综合现有情报、科研和技术成果；简化、统一、协调优化。

**2. 中药材标准技术内容的编写方法**

(1)*产品分类* 中药材按性能、特点、成分划分类别,不同类别有不同代号。

(2)*技术要求* 主要包括中药材产品的理化性能、原材料、加工处理程序和质量等级等。

(3)*试验方法* 对中药材产品技术要求,须进行试验、测定和检查等。

(4)*检验规则* 要求必须具有科学性、先进性和适应性,同时还有充分考虑和注意到中药材生产的地域性及商品生产的特殊性。

(5)*标志、包装、运输和贮存* 产品标志必须标明产品名称、规格、等级、净含量、产地、生产日期、企业名称和地址以及标准编号等。要根据中药材产品的种类、品种、加工程度分出等级,要求外观洁净、理化指标优良、包装设计精美,材料要求符合清洁、无毒、无异味。在贮藏运输和销售过程中不能造成二次污染。

中药材标准化生产的操作规程应包括环境质量(大气、水源和土壤的环境质量)、种子、育苗、施肥、病虫害防治、设施利用、商品要求及检测等。

## (二)绞股蓝标准化生产的环境标准

按 2002 年国家公布的中药材生产质量管理规范(试行)(附录一);药用植物及制剂进出口绿色行业标准(附录四),中药材产地的环境应符合国家相应标准;空气应符合大气环境质量二级标准,参照《环境空气质量标准》(GB 3095—1996);土壤应符合土壤质量二级标准,参照《土壤环境质量标准》(GB 15618—1995);灌溉水应符合农田灌溉水质标准,参照

《农田灌溉水质标准》(GB 5084—1992)。

**1. 绞股蓝标准化生产地的大气质量标准和污染的预防与治理** 绞股蓝标准化生产产地对大气质量的基本要求一般均应远离城镇及污染区,大气质量较好且相对稳定。在产地上方风向区域内,要求无大量工业废气污染源;要求产地区域内气流相对稳定,即使在风季,风速也不能太大。因此,可选择一些四面环山的河谷地带,或空气湿度较大且光照较弱的阴坡地;要求产地空气尘埃较少,空气洁净;雨水中污泥少,土壤酸碱度适中(即 pH 值为 5.6~7.8),产地内所使用的塑料制品无毒、无害且不污染大气。

大气环境执行 GB 3095-1996 二级标准。例如,日平均总悬浮颗粒物≤0.3 毫克/立方米,二氧化硫日平均≤0.15 毫克/立方米,一氧化碳日平均≤4 毫克/立方米,氮氧化物日平均≤0.1 毫克/立方米。一级的大气综合污染指数应小于 0.6;二级在 0.6~1;三级在 1~1.9;四级在 1.9~2.8;五级则在 2.8 以上。三级及三级以上的大气环境不适合于中药材的标准化生产。

**2. 绞股蓝标准化生产的水质标准** 水源一旦被污染,就会影响整个绞股蓝标准化生产的实施。绞股蓝标准化生产的水源必须符合国家农田灌溉水质标准。农田灌溉水执行 GB 5084—1992 标准。

**3. 绞股蓝标准化生产产地的土壤质量标准** 绞股蓝标准化生产所要求的土壤质量,主要表现在以下几个方面。土壤耕层内无有毒离子,主要指重金属离子,如汞、铬、镉、铅、铜、锌等。土壤酸碱度适中(即 pH 值为 5.6~7.8),一般的中草药都起源于林下,比较适应中性和稍偏酸性的土壤。绞股蓝则喜欢弱酸性至弱碱性的土壤,但要求土壤既不黏重,又不过轻，一般选择壤土或沙壤土，且其中以杂质少的为佳。土质肥沃、有机质含量高、土地平整或缓坡地、地下水位较低、不积水、便于灌溉的土地为优良地。土壤质量标准主要执行 GB 15618—1995 二级标准。

我国对土壤污染物含量也有建议标准，如南京环境保护研究所和北京地区均制定了相应的标准。对土壤中滴滴涕、六六六残留量，根据我国果蔬、作物产品中允许的残留标准确定为：六六六≤0.2 毫克/千克，滴滴涕≤0.1 毫克/千克。

综合污染指数用于土壤分级时，一级的综合污染指数为 0.7 以下；二级在 0.7～1；三级在 1～2；四级在 2～3；五级则大于 3. 三级和三级以上的土壤已经有一定的污染，不符合绞股蓝标准化生产使用。

## 八、中药材标准化生产的意义

### （一）标准化能提高中药材产品质量

实施中药材标准化能控制生产的全过程，确保中药材质量的提高。为了提高药材质量，必须对药材色泽的形成、中药材种类、植株的生长发育、果实和种子的发育、中药材植物学特征及其生态习性等基础知识有所了解，围绕中药材的发展，选、育、引进优良品种，并按药材的要求制定技术操作规程，依靠先进实用的科学技术，提高劳动生产率，最后实现产品的标准化。

### （二）标准化能促进产品的国际贸易

标准化是我国传统医药进入国际市场的突破口，是中药现代化发展的必要条件。我国物种资源丰富，有高等植物3万多种。中药材种植面积大、品种齐全，但所占国际市场份额还不足5%。其中最大的制约因素是我国植物药标准化程度低，工艺、剂型落后，缺乏科学规范的质量标准和质量控制手段。为了提高中药材在国际市场的竞争力，必须实施标准化生产，控制生产全过程，确保药材质量。特别是我国加入世界贸易组织后，中药材也正在大范围参与国际竞争，但国际贸易中非关税壁垒的有关规定越来越严格，一些国家在技术标准、标志认证及卫生检疫方面限制进口。应对这种情况，只有我们首先达到了相应的国际标准，与国际接轨，才具有进一步发展贸易的资格，才具有讨价还价的能力，才能争取到更大的国际市场。

### (三)标准化能促进区域化农业结构的调整与优化

中药材标准化是农业发展到一定阶段的必然产物，它是随着经济水平不断提高而必然出现的一个过程。中药材实施标准化后，产品符合统一规格，既安全又卫生，生产上严格按技术规程操作，这是国内外大市场的要求。同时，药材标准是个动态的过程，随着市场上药材产品标准的不断提高，使生产地的产品质量也随之提高，为了在国际市场的竞争中取胜，各地充分利用自身地理优势和生产条件，不断调整经营品种，在进入市场追求效益的过程中提高产品质量，优化结构，实现农民增收的目标。

# 第二章　绞股蓝概述

绞股蓝[*Gynostemma pentaphyllum*(Thunb.)Makino]系葫芦科(Cucurbitaceae)绞股蓝属(Gynostemma Bl.)植物，以全草入药，又名七叶胆、七叶参、公罗锅底、小苦药、遍地生根、甘茶蔓、五叶参、小叶五爪金龙、南方人参等。中国古代医药书《救荒本草》和《本草纲目》等都将"绞股蓝龙须"俗称为"人间仙草"。绞股蓝在我国古代民间被作为"神奇不老长寿药草"广泛使用；在日本被称为"神仙草"、"福音草"；在新加坡和马来西亚被称为"健美女神"、"百病克星"；在美国被称为"绿色金子"；在我国则享有"东方神草"、"第二人参"、"南方人参"等美誉。

绞股蓝其名始载于1525年明嘉靖四年朱厚熜所著《救荒本草》，云："绞股蓝，生田野中，延蔓而生，叶似小蓝叶，短小较薄，边有锯齿，又似痢见草，叶亦软，淡绿，五叶攒生一处，开小花，黄色，亦有开白花者，结子如豌豆大，生则青色，熟则紫黑色，叶味甜。"据其生长环境及形态特征，应为本种。

明朝永乐年间有利用绞股蓝充饥的记载，并谓其"叶味甜，采叶炸熟，水浸邪味涎沫，淘洗干净，油盐调食"。

## 一、产　地

绞股蓝原产于亚洲热带至东亚，自喜马拉雅至日本、马来群岛和新几内亚。主要产于我国广西、湖南、广东、湖北、云南、江西、贵州、四川、陕西等省(自治区)，以西南地区最多。

生于海拔300～3 200米的山谷密林中、山坡疏林、灌丛中。分布于印度、尼泊尔、锡金、孟加拉、斯里兰卡、缅甸、老挝、越南、马来西亚、印度尼西亚(爪哇)、新几内亚,以及朝鲜和日本。

## 二、药用价值

绞股蓝为民间常用中药,具有清热解毒、祛痰止咳的功效。主治慢性支气管炎、慢性胃炎、肝炎、高血压、糖尿病等。

自1972年云南省曲靖地区报道用绞股蓝治疗老年慢性支气管炎收到较好疗效以来,国内外学者对绞股蓝的药理作用和临床疗效进行了大量研究。

现代医药学研究证明,绞股蓝具有药食和茶食的双重作用,除含有糖类、甾醇、色素外,还含有83种单体皂苷,其中6种是人参皂苷,此外还含有丰富的氨基酸及多种矿物质元素。绞股蓝性温,味甘,功能益气健脾,清热解毒,止咳祛痰,有扶正培本,祛病强身等保健功效,能有效降低血脂,抑制肥胖,调整血压,改善睡眠,抗衰防老,提高人体免疫功能,抑制细胞癌变等。

经科学分析,绞股蓝总皂苷含量为5%～8%,约为高丽参的3倍。含有的人参皂苷之多,在人参"家族"以外的科属植物中是罕见的。但其药性温和,较之人参不容易"上火"。由于绞股蓝皂苷Ⅲ、Ⅳ、Ⅷ、Ⅻ,分别与人参皂苷Rb1、Rb3、Rd、F2属同一物质,其酸水解产物与人参皂苷的酸水解产物——人参二醇具有相同的理化性质,因而被誉为"第二人参",并享有"南方人参"的美称。

绞股蓝是抗癌物种中效果最佳者,配入"紫杉醇"等中草药防治效果尤佳。经国内外广泛试验，对肝癌、胃癌、肺癌、食管癌、子宫癌、乳腺癌、胆囊癌等20多种癌症、癌细胞抑制有效率高达80%。

绞股蓝能消炎解毒，止咳祛痰，有治疗常见疑难杂症的奇特功能。经临床验证，对精神衰弱、偏头痛、顽固性失眠症、胃溃疡、十二指肠溃疡、慢性胃炎、慢性风湿、关节炎、痔疮、肥胖症、肝炎、高血脂、动脉硬化、肝硬化、糖尿病、支气管炎及支气管哮喘等病症疗效奇特；对治疗支气管炎的有效率达79%。

绞股蓝有显著的通经活络，增进微循环的功能，故而利尿、强身作用明显，能延长细胞寿命，增长智力因子，美润皮肤，保其青春，延缓衰老。

绞股蓝具有促白发变黑，促脱发再生，促食欲，促睡眠，促疲劳恢复的特有作用。

绞股蓝还有抑制过氧化脂质和甾族化合物、激素副作用的功能，对平衡机体营养，防治肥胖症有直接作用。

# 第三章　绞股蓝的生物学特性

## 一、植物学特征

绞股蓝为多年生草质藤本植物(图 1)。

### (一)根

须根系,由不定根发育而来。地下根状茎细长,横生,粗 0.4～1 厘米,节上生根,具冬眠芽与潜伏芽。

### (二)茎

草质藤本,攀缘或匍匐,触地的节上长出不定根;茎细弱,具分枝,具纵棱及槽,疏被短柔毛。

图 1　绞股蓝

(引自　中国高等植物图鉴　第四册)

### (三)叶

三叉状或鸟足状复叶,互生,小叶多为 5～7 片,有时为 3 片或 9 片,纸质,叶柄长2～6 厘米,疏被短柔毛;小叶卵状长圆形或披针形,中央小叶长3～12 厘米,宽 1.5～4 厘米,侧生叶较小,先端急尖或短渐尖,基部渐狭,叶缘具浅波状阔钝齿,叶面深绿色,叶背淡绿色，两面均被疏短硬毛，侧脉6～8对，细脉网状；小叶柄略叉开，长0.1～0.5厘米。卷须纤细，2歧，稀单一。

### （四）花

花雌雄异株。花小，雄花圆锥花序，花序轴纤细，多分枝；花梗丝状，长0.1～0.4厘米，基部具钻状小苞片；花萼筒极短，5裂，裂片三角形，先端急尖；花冠淡绿色或白色，轮状，5深裂，裂片披针形或卵状长圆形；雄蕊5枚，花丝短，联合成柱，花药2室，着生于柱之顶端。雌花圆锥花序远较雄花之短小，花萼及花冠似雄花；子房球形，2～3室，每室有胚珠2颗，花柱3枚，短而叉开，柱头2裂；具短小的退化雄蕊5枚。花期6～8月份。

### （五）果　实

果实为浆果，圆球形，直径为0.5～0.8厘米，幼果青绿色，成熟时绿黑色至紫黑色，果皮光滑无毛，不开裂，内含种子1～3粒。果期8～11月份。

### （六）种　子

种子宽卵形或心形，略扁，径为0.3～0.4厘米，灰褐色或深褐色，顶端钝，压扁，两面具乳突状凸起。

## 二、生长发育规律

### （一）种子的生物学特性

**1. 种子形态**　绞股蓝种子阔心形或卵圆形，扁平无翅，表面有乳状突起，幼时青绿色，成熟时棕褐色至深褐色，表面有一层蜡质。绞股蓝种子较小，千粒重为3.5～4.8克。种皮非常坚硬，虽对种子有保护作用，但是不利于种子萌发，萌发种子整齐度差，这种特征可能与其野生特性有关，有利于物种的生存。在进行绞股蓝种子萌发时，种子需进行处理，以提高种子发芽率，使出苗整齐。

由于绞股蓝种子内含有抑制物质，具有休眠现象。刚采收的种子在自然条件下萌发所需时间长，通常在2～3个月后种子才开始发芽，出苗率也较低。

**2. 温度对种子发芽的影响** 绞股蓝种子发芽所需最适温度为25℃～28℃，高于或低于此温度范围，则发芽率下降。在20℃时，约为30%，且迟出苗；33℃～35℃时，发芽率仅为22%左右，且出苗更迟。绞股蓝种子在变温下的发芽率高于恒温下的发芽率。

**3. 浸种对种子发芽的影响** 采用温水浸种，可破坏绞股蓝种子表面的蜡质层。用于浸种的水温以20℃左右为宜，浸泡时间以8～16小时较合适；若超过24小时，种子发芽率则显著降低。水温达到80℃以上，则种子完全丧失发芽能力。

**4. 机械处理对种子发芽的影响** 不同的机械处理方式对种子的萌发有一定的影响。揉搓、剥种皮和冲洗处理都可以在不同程度上提高绞股蓝种子的发芽势和发芽率。揉搓处理可将种子发芽势与发芽率分别提高16.4%和14.3%；剥种皮处理可将种子发芽势与发芽率分别提高15.3%和17.5%，促进种子萌发的效果最明显(表3-1)。通过这种处理后，幼苗的长势最为良好。机械揉搓的方法也可使绞股蓝种子的发芽率提高14%以上。

表 3-1 机械处理对绞股蓝种子发芽的影响 (%)

| 处理方式 | 发芽势 | 发芽率 |
|---|---|---|
| 揉 搓 | 34.4 | 35.3 |
| 剥种皮 | 33.3 | 38.5 |
| 冲 洗 | 25.0 | 30.0 |
| 对 照 | 18.0 | 21.0 |

**5. 超声处理对种子发芽的影响** 超声处理对绞股蓝种子的发芽具有明显的影响。超声处理10分钟时,种子的发芽势和发芽率达到最高,分别比不经任何处理的种子的发芽势和发芽率提高30%和33%以上。但随着超声时间的延长,发芽势和发芽率均呈下降趋势。

**6. 植物生长调节剂处理对种子发芽的影响** 用0.1%的6-BA或$GA_3$浸泡绞股蓝种子1小时,可明显促进种子萌发,但对幼苗生长有抑制作用。

**7. 光照处理对种子发芽的影响** 绞股蓝种子经过不同时间、不同温度的浸种处理,其在黑暗和光照下无显著差异,但在黑暗条件下的发芽势和发芽率均高于在光照条件下的发芽势和发芽率。

**8. 贮藏时间对种子发芽的影响** 绞股蓝种子于当年秋季采收后,应及时晾干,然后置于通风干燥处贮存,贮藏时间以不超过翌年的5月份为宜。若种子在自然条件下贮藏时间超过1年,其发芽率明显降低,甚至失去发芽能力。

## (二)生长发育特性

绞股蓝种子播种后出苗的快慢和整齐度主要取决于种子质量、当时当地的气温和地温及湿度。未经任何处理的种子,其发芽率为20%左右；经20℃左右的温水浸泡8～16小时，在平均地温20℃下播种，播后25天开始出苗，28天后种子出苗率可达60%左右；在平均地温25℃下播种，播后22天开始出苗，25天后种子出苗率可达65%左右。土壤经常保持湿润比干湿交替出苗快而整齐。

绞股蓝幼苗生长缓慢，当苗长至10～15厘米时，生长速度加快，并开始长出新的侧蔓。在粤北山区，第一次新梢侧蔓生长期为80天左右。从种子出苗至开花需要5～6个月；第二年，新梢从春季萌发至开花约需4个月时间。在华南地区，每年4～6月份和9～11月份为绞股蓝生长发育旺盛期；夏季高温、高湿、阳光强烈，植株生长缓慢，甚至停止生长。在粤北，霜降后，地上部分开始枯萎死亡，地下根茎则进入休眠期，至翌年春季气温回升时，又开始萌发。正常年份，在北纬24°以南的地区，绞股蓝在冬季仍可生长。

绞股蓝无性繁殖能力较强，俗称“遍地生根”。萌发出土与气温有关，在江苏、浙江和长江流域地区，野生绞股蓝多在3月中旬至4月上旬萌发出土，11月下旬前枯萎，全年生育期180～220天。绞股蓝出土后，先是茎叶迅速生长，接着是生殖器官快速生长并结实。夏初和秋季气候湿润凉爽，生长最为旺盛，也是根茎生长和物质积累转化时期。从7月下旬开始，地上茎部分节上产生不定根（即须根，接触地面者须根更多），同时形成粗壮的腋芽。腋芽具有向地性，入土后形成根茎，同时也是越冬的一种方式，地下茎横走，大部分分布在距地表30厘米以内的土层中。11月下旬茎叶开始枯黄时，地下根茎迅速生长，并形成冬眠芽，开始进入冬眠期。翌年3～4月份再由根茎节上腋芽长出新的地上茎。

绞股蓝非常喜阴和耐阴，在生长发育期间遇到强烈的阳光直射，则生长发育不良，严重影响产量和品质。

## 三、对环境条件的要求

绞股蓝为浅根性植物，宿根。根茎大部分分布在土壤表面 15～30 厘米，水平分布在约 20 厘米范围内。根茎和地上茎均具有较强的萌芽能力，生产上常用以作为无性繁殖的材料。绞股蓝对环境的适应性较强，在海拔 3 000 米以下地区都能生长，常生于山谷、溪边、村边、湿地和密林中。

绞股蓝在我国秦岭以南大部分地区均可种植，在湖南、湖北、广东、广西、云南、陕西等地种植较多。在粤北地区分布优良的绞股蓝种质资源，粤北山区是绞股蓝最适宜种植的地区之一。

绞股蓝野生生态环境多为热带亚洲气候型，年平均气温为 12℃～15℃，1 月份平均气温为 3℃～13℃，7 月份平均气温为 22℃～29℃。10℃以上积温为 5 000℃～7 000℃，年降水量为 800～1 500 毫米，空气相对湿度为 60%～80%。年日照时数为 1 000～2 000 小时，年日照百分率为 25%～40%。最适地区的气候为偏湿热性常绿阔叶林气候型，年平均气温为 16℃～18℃，7 月份平均气温为 25℃～28℃，年降水量为 1 000～1 500 毫米，年平均空气相对湿度为 80%左右，年日照时数为 1 000～1 300 小时，年日照百分率为 25%～30%。

### （一）温　度

绞股蓝喜凉爽和阴湿的环境，能耐寒，其地下部分可耐 −5℃低温。当月平均气温达到 3℃时，根的芽眼开始萌动。种子在 10℃以上时萌动，植株在 25℃时生长迅速，适宜生长气温为18℃～28℃；气温32℃以上，生长发育受影响；气温35℃以上，植株停止生长。受霜冻或0℃以下低温影响，其地上部分会枯萎或死亡，但其地下部分可露地安全越冬，至翌年春天，气温回升时，地上部分开始萌发新的蔓茎和叶片。昼夜温差大，有利于产生干物质和糖分积累，茎叶生长迅速，分枝旺盛，叶片长而宽。每年的5～6月份和9～10月份是绞股蓝的旺盛生长发育时期。

### (二)光　照

绞股蓝耐阴，忌长时间阳光直射。应选择阴坡地、林阴地或有散射光的地方种植绞股蓝比较合适。若种植在无荫蔽的环境条件下，需搭遮阳棚，荫蔽度宜在50%～60%。

### (三)水　分

绞股蓝喜湿润环境，忌水涝。空气相对湿度70%～80%，土壤含水量在30%左右时有利于其生长发育。当气温低于20℃，空气相对湿度低于60%时，其生长发育减缓。幼苗期更不耐干旱，故育苗床要经常保持土壤湿润，但忌积水，土壤过湿易造成幼苗发黄，根系发育不良，影响移栽后的成活率。低洼积水的土壤容易引起烂根。若生长期间遇严重干旱，全株叶片逐渐变黄脱落。因此，应及时灌溉，保持土壤湿润，以促进其良好生长发育。

### (四)土　壤

绞股蓝对土壤要求不甚严格，适应性较广。除盐碱地、旱生地、沙地和海滩冲积地外，一般在疏松、肥沃、排水良好的沙质壤土、富含腐殖质的微酸性至弱碱性壤土(即pH值为

5.6～7.8)均能生长。种植在贫瘠沙地上的植株生长缓慢,叶色发黄。土质黏重和排水不良的地块,绞股蓝生长不良,且植株较易染病,故不宜种植。

### (五)养　分

绞股蓝为喜肥植物,一般每 667 平方米施有机肥 3 000 千克左右,生长期间适当追施氮肥可显著提高产量,但不宜追施硝态氮。在养分不足的情况下,绞股蓝的叶片变得小而薄,茎蔓细弱,产量和质量会明显降低。绞股蓝忌石灰质土壤,喜硅酸盐土壤,故可适当追施硅酸钾。此外,留种地应增施磷、钾肥,以促进其开花、结果和种子饱满。

# 第四章　绞股蓝标准化生产的品种选择

## 一、绞股蓝属植物的种类及其分布

绞股蓝属全世界有 16 种，2 变种，我国有 14 个种 2 个变种，其中 9 个种和 2 个变种为中国特有种(表 4-1)。其现代分布中心或多样性中心为我国长江流域至西南的云南，由此向北达秦岭南坡和淮河流域以南，向东北经华中、华东至朝鲜半岛和日本北部，向南经中南半岛、马来西亚达菲律宾、印度尼西亚诸岛和巴布亚新几内亚，向西达印度西北部，为热带亚洲分布类型。

**表 4-1　全世界绞股蓝属植物种、变种一览表**

| 种　类 | 学　名 |
| --- | --- |
| 聚果绞股蓝 | *Gynostemma aggregatum* C. Y. Wu et S. K. Chen |
| 缅甸绞股蓝 | *G. burmanicum* King ex Chakh. var. *burmanicum* |
| 大果绞股蓝 | *G. burmanicum* var. molle C. Y. Wu ex C. Y. Wu et S. K. Chen |
| 心籽绞股蓝 | *G. cardiospermum* Cogn. et Oliv. |
| 扁果绞股蓝 | *G. Compressum* X. X. Chen et D. H. Qin |
| 毛果绞股蓝 | *G. dasycarpum* (C. Y. Wu ex C. Y. Wu et S. K. Chen) S. K. Chen |
| 广西绞股蓝 | *G. guangxiense* X. X. Chen et D. H. Qin |
| 常春藤叶绞股蓝 | *G. hederaefolium* Cogn. |

**续表 4-1**

| 种 类 | 学 名 |
|---|---|
| 疏花绞股蓝 | G. *laxiflorum* C. Y. Wu et S. K. Chen |
| 光叶绞股蓝 | G. *laxum* (Wall.) Cogn. |
| 长梗绞股蓝 | G. *longipes* C. Y. Wu ex C. Y. Wu et S. K. Chen |
| 小籽绞股蓝 | G. *microspermum* C. Y. Wu et S. K. Chen |
| 五柱绞股蓝 | G. *pentagymum* Z. P. Wang |
| 绞股蓝 | G. *pentaphyllum* ( Thunb. ) Makino |
| 单叶绞股蓝 | G. *simplicifolium* Bl. |
| 温氏绞股蓝 | G. *winkilerei* Cogn. |
| 毛果喙果藤 | G. *yixingense* var. trichocarpum J. N. Ding |
| 喙果绞股蓝 | G. *yixingense* ( Z. P. Wang et Q. Z. Xie) C. Y. Wu et S. K. Chen var. *yixingense* |

## 二、绞股蓝种类的正品与混淆品

### (一) 正　品

绞股蓝为葫芦科(Cucurbitaceae) 绞股蓝属(Gynostemma Bl.)植物绞股蓝[*Gynostemma pentaphyllum* (Thunb.) Makino]的全草。本种植物形态特征见本书第三章之植物学特征。正品绞股蓝的叶片和茎蔓入口细嚼稍觉味甜。

### (二) 混 淆 品

我国明代医学家李时珍误将乌蔹莓属(Cayratia)植物图收入《本草纲目》,清代《植物名实图考》引用《救荒本草》原文,并附植物图，此图与原图有明显的差异，误为乌蔹莓属植物。《江苏省药材志》并把乌蔹莓属植物用了绞股蓝的拉丁学名。《中药大辞典》亦把绞股蓝作为乌蔹莓的异名。

在药材商品市场，常见有葡萄科（Vitaceae）的乌蔹莓［*Cayratia japonica*（Thunb.）Gagnep.］和葫芦科（Cucurbitaceae）雪胆属植物雪胆（*Hemsleya amabilis* Diels）等植物的干燥全草伪充绞股蓝作药用，应注意区别。

**1. 乌蔹莓** 多年生草质藤本。陕西南部部分地区把它和绞股蓝混称为猪婆藤或母猪藤，江苏省有的地方则称其为绞股蓝。幼时有短柔毛，老茎紫绿色，有纵棱。卷须二歧分杈与叶对生。叶鸟足状，复叶互生，小叶5片，膜质，椭圆形或椭圆状卵形至狭卵形，顶端急尖，边缘有锯齿，中间小叶较大，有长的小柄。聚伞花序，呈伞房状，腋生。花小，黄绿色，花萼不明显，花瓣4个，雄蕊4枚，与花瓣对生，花盘小，4裂，与子房合生。果实为浆果，卵圆形，直径0.6～0.8厘米，成熟时黑色。种子的腹面有1～2条深槽（图2）。

**图2 乌蔹莓**

（引自 中国高等植物图鉴 第二册）

分布于华东、中南；越南、日本、印度、菲律宾和印度尼西亚也有分布。生于山坡、路边、草丛或灌丛中。全草入药，有凉血解毒和利尿消肿的功效。

图3　雪　胆

（引自　中国高等植物图鉴　第四册）

**2. 雪胆**　多年生草质藤本，肥大的块根由胚根发育而来。地上只有攀缘茎，触地的节上不长出不定根。鸟足状复叶，小叶5～7枚，卵状披针形至长圆状披针形，先端渐尖或尾状，中央小叶较大，长5～12厘米，宽2～3厘米，叶柄长4～8厘米。雌、雄花序均为疏散的圆锥形花序，总花梗及花梗均为丝状。花大，花萼裂片披针形，反折，花冠裂片长圆形，向后翻卷成球状，长约1.3厘米，宽0.9厘米，橙黄色。蒴果长倒卵形，有纵纹，绿色，果大，长3～5厘米。种子近圆形，双凸透镜状，成熟后由顶端3裂缝开裂。种子周缘有膜质翅（图3）。

分布于湖北、四川、湖南、广西和浙江等地。生于沟旁、林中或灌丛中，亦有栽培。块根药用。

雪胆不含绞股蓝皂苷，不能作绞股蓝使用。

此外，绞股蓝与其同属的许多种类都作为绞股蓝的药材使用，如毛绞股蓝、光叶绞股蓝、长梗绞股蓝及绞股蓝的变种等。在引种驯化栽培和利用上应予以区分和鉴别。

## 三、绞股蓝在我国的引种栽培

20 世纪 80 年代初，我国引进日本产的、皂苷含量高的绞股蓝新品种在广东花县（现为广州市花都区）华桥农场大面积（两年种植 1 267 000 平方米）种植成功以来，经过 20 多年的不断发展，我国绞股蓝种植基地已形成一定的规模。现广东、广西、湖南、湖北、福建、浙江、安徽、陕西、云南和四川等省（自治区）种植面积较大。

由于我国幅员辽阔，地形复杂，气候多样，具有适合绞股蓝种植的有利条件，绞股蓝种植面积势必进一步扩大。

## 四、绞股蓝标准化生产的品种选择

20 世纪 90 年代，江西省农业科学院开展了绞股蓝优良品种选育研究，从 10 个绞股蓝材料中优选出 3 个优良品种，即绞股蓝 3 号（江西省乐安地方种）、绞股蓝 9 号（靖安 7 号）和绞股蓝 10 号（为江西省林业科学院自育品种）。经过多年多点次的不同生态条件适应性试验，结果表明上述 3 个优良品种总皂苷含量均稳定在 5%以上，综合农艺性状优良，抗逆性强，每年每 667 平方米干品产量可达 200 千克以上。其中绞股蓝 3 号品种的平均皂苷含量高达 8.414%，每 667 平方米干品产量可达 267 千克以上。

湖北民族学院等单位采用杂交育种技术于 20 世纪 90 年代末育成 2 个优良绞股蓝新品种“恩五叶蜜”和“恩七叶甜”。恩五叶蜜系以绞股蓝（*Gynostemma pentaphyllum* Makino DanTian）No. 9926835 为母本，No. 17892 为父本杂交，于

1999 年 12 月育成的绞股蓝新品种，经过区域生产试验，表现全草味蜜甜，有效成分极显著高于推广种。抗病性和抗逆性强，产量提高 15%，克服了原品种味极苦、性寒伤脾胃的缺点。恩七叶甜系以绞股蓝 No. 1937 为母本，No. 592 为父本杂交，于 1999 年 12 月育成的新品种，全草味清甜，成分与绞股蓝亲本相同，但有效成分含量和产量都有所提高，其绞股蓝总皂苷含量为 5.52%，抗病，克服了亲本味极苦等缺点。同国内外推广种植的绞股蓝原变种相比，"恩五叶蜜"和"恩七叶甜"的突出特点是克服了绞股蓝原变种口感极苦之缺点，提高了绞股蓝利用价值，增强了产品出口国际市场竞争力和产业发展后劲；在有效药用成分、产量、抗病、抗虫、抗逆性、适种范围等方面亦有较大的改善与提高。

陕西省平利县绞股蓝研究所开展了绞股蓝四倍体新品系选育与应用研究，该项目针对绞股蓝产业发展现状，利用野生绞股蓝的优良亲本，采取杂交育种和低温诱变技术，通过对比试验，培育出丰产性、抗逆性、抗病性强，具有双增效应的绞股蓝四倍体新品系。同时，研究总结出无性系繁育方法，有效提高了绞股蓝的繁殖系数，防止了品种退化，提高了产量和质量，促进了绞股蓝产业的可持续健康发展。

在绞股蓝标准化生产中，以上几个绞股蓝优良品种可供优先选择应用。此外，中国科学院华南植物园和湖南省绥宁县农业局等单位也选育出优良绞股蓝新品种供生产上推广应用。

# 第五章 绞股蓝标准化生产的育苗技术

## 一、育苗地的选择与整地

选择地势平坦、排灌方便、土壤疏松肥沃的沙质壤土作育苗地,清除杂草后进行翻地、晒土、耙碎和平整土面,并充分细土。如果是复种指数较高的田块,则应进行土壤消毒(土壤消毒方法见病虫害防治部分)。

由于绞股蓝种子较小,整地时畦土较实,则要用细河沙拌匀改良,苗床土粒要细,畦面要平,四周开沟。为便于操作和管理,一般按畦宽 1.2 米,沟宽 20 厘米,沟深 20 厘米左右进行起畦。绞股蓝种苗繁殖可采用种子繁殖、扦插繁殖、根茎繁殖和压条繁殖等方式进行。

## 二、种子繁殖

通常于 10～11 月份采集成熟果实,晾干,放入布袋内风干去果皮,放在阴凉干燥通风处保存备用,于播前 1 周内取出果实,搓去果皮,处理出种子。选褐色、成熟、饱满的种子用 20℃左右的温水浸泡 8～16 小时,晾干水分即可播种。宜春播,一般南方丘陵山区于 3 月上旬至 4 月上旬,偏北山区于 3 月下旬至谷雨前后为适播期。在整平耙细的苗床上进行播种,播种时间应选择在春季气温回升时进行。播种前要做好苗床,使种子膨胀后播于苗床,然后撒上一层薄土。如能用

100 毫克/千克的赤霉素或高锰酸钾溶液浸种则发芽整齐，效果更好。每 667 平方米播种量为 0.8～1.2 千克，采用撒播或条播均可。因种子小，可用细河沙按 5∶1 的比例与种子拌匀再进行撒播或条播。条宽约 10 厘米，每隔 2～3 厘米播 1～2 粒种子。播后覆盖细土或草木灰 1～1.5 厘米厚，然后搭盖遮阳棚以遮挡阳光以及防雨水冲刷，应经常保持苗床土壤湿润，大约 3～4 周，种子就可以发芽出土。以后要逐渐增加适量光照。待长出 3～4 片真叶后即可移栽至大田。或待幼苗长至 3～5 厘米高时，先上营养袋，养护 15～20 天再定植至大田，可保证较高的成活率。

## 三、扦插繁殖

绞股蓝扦插成活率高，春季或秋季均可进行。苗床最好用河沙或半沙半土。选生长健壮，稍老化的茎蔓，距茎基部 50～60 厘米处剪下，截成 15～20 厘米长的茎段，每段具 2～3 节，将下端节、卷须和叶片剪去，留上端节和 1 片叶，上下剪口距茎节 1～2 厘米。下端 1～2 节插入沙土中。然后按行距 6～8 厘米，株距 3～5 厘米插入苗床上。扦插时可用小木棒或竹筷在床面打引入孔，再将插条插入孔内，宜斜插，插后压实浇水。可采用 80～100 毫克/千克萘乙酸(NAA)溶液，快速蘸下端剪口，然后扦插，可加速发根，成苗率高。北方因秋冬气温低，宜在春季或初夏扦插。扦插完成后及时搭盖遮阳棚以防阳光直射和雨水冲刷，应经常保持苗床土壤湿润，经过 7～10 天，就可以长出新根。约 30 天后，待新芽长至 15～20 厘米，即可选择阴雨天移苗至大田定植。

## 四、根茎繁殖

于春季2～4月份，挖取越冬的地下根茎，选粗壮、节密的老根，截成3～5厘米长的小段，每段具2～3节，分清上、下端。然后在畦面上按行距50厘米开沟，沟深约3厘米，将种根首尾相接，一段接一段埋入沟内，覆盖细肥土，厚2～3厘米，上盖草保温保湿。发芽出苗后，及时揭去盖草，加强田间管理，当年秋季即可收获。

## 五、压条繁殖

在生长季节都可进行压条繁殖，以繁育种苗。绞股蓝茎节处遇土只要土壤较为疏松、湿润、富有腐殖质便可生根。可每隔3节，在茎节处稍培土、压蔓，促其生根，20天后，将其分割另植即为新株。

# 第六章　绞股蓝标准化生产的田间管理

田间管理是保证药材质量、夺取高产的重要环节，应根据绞股蓝对环境条件和生长发育的要求进行。整个生长发育期要避免阳光直射，应注意肥水均匀，及时排水防涝，保持土壤湿润，及时中耕除草和防治病虫害。

## 一、选地、整地与施基肥

### （一）选　地

应选择远离瓜类且近年来未种植过葫芦科植物的土层深厚、湿润肥沃和有机质含量高的阴坡地或平地为宜，水田、旱地和山地均可种植。为了不与粮食作物争地，尽量不要占用农田，宜选用山坡地。在林下或疏林地种植，一般表现为长势旺盛，产量高且品质好等优点，其经济寿命较长。

为了达到中药材规范化生产的要求，为制药企业提供标准化、稳定、无污染、无公害的绿色中药材。种植环境应选择大气、水质和土壤无污染的地区。空气环境质量要达到《中华人民共和国环境空气质量标准》中的二级标准（表 6-1）；灌溉水质要达到《中华人民共和国农田灌溉水质量标准》中的二类标准（表 6-2）；土壤环境质量按《中华人民共和国土壤环境质量标准》中的二级标准（表 6-3）执行。因此，在选好种植基地后，应马上取土壤样品和灌溉水样品送有关部门进行检测，同时联系环保监测部门对大气进行检测，待各项指标都达标后方可种植。

**表 6-1　中华人民共和国环境空气质量标准**　(GB 3095—1996)

| 项　目 | 标　准 | | | |
| --- | --- | --- | --- | --- |
| | 年平均* | 日平均* | 1 小时平均** | 单　位 |
| 二氧化硫 $SO_2$ | 0.06 | 0.15 | 0.50 | 毫克/米$^3$<br>(标准状态) |
| 总悬浮微粒 | 0.20 | 0.30 | | |
| 可吸入颗粒物 | 0.10 | 0.15 | | |
| 氮氧化物 $NO_X$ | 0.05 | 0.10 | 0.15 | |
| 氟化物 | | 7 | 20 | 微克/分米$^2$·日 |

注:表内为中药材种植环境各项污染物的浓度限值二级标准

*"年平均"和"日平均"分别为任何 1 年和任何 1 月的平均浓度不许超过的限量

**"1 小时平均"为任何 1 小时的平均值不许超过的浓度限值

**表 6-2　中华人民共和国农田灌溉水质标准**　(GB 5084—1992)

| 序　号 | 主要指标 | 限量指标(毫克/升) |
| --- | --- | --- |
| 1 | 生化需氧量($BOD_5$) | ≤150 |
| 2 | 化学需氧量($COD_{CR}$) | ≤300 |
| 3 | 悬浮物 | ≤200 |
| 4 | 阴离子表面活性剂(LAS) | ≤8.0 |
| 5 | 凯氏氮 | ≤30 |
| 6 | 总磷(以 P 计算) | ≤10 |
| 7 | 水温(℃) | ≤35 |
| 8 | pH 值 | 5.5～8.5 |
| 9 | 全盐量 | ≤1000(非盐碱地区)<br>≤2000(盐碱地区) |

**续表 6-2**

| 序　号 | 主要指标 | 限量指标(毫克/升) |
|---|---|---|
| 10 | 氯化物 | ≤250 |
| 11 | 硫化物 | ≤1.0 |
| 12 | 总汞 | ≤0.001 |
| 13 | 总镉 | ≤0.005 |
| 14 | 总砷 | ≤0.1 |
| 15 | 铬(六价) | ≤0.1 |
| 16 | 总铅 | ≤0.1 |
| 17 | 总铜 | ≤1.0 |
| 18 | 总锌 | ≤2.0 |
| 19 | 总硒 | ≤0.02 |
| 20 | 氟化物 | ≤3.0(一般地区)<br>≤2.0(高氟区) |
| 21 | 氰化物 | ≤0.5 |
| 22 | 石油类 | ≤10 |
| 23 | 挥发油 | ≤1.0 |
| 24 | 苯 | ≤2.5 |
| 25 | 三氯乙醛 | ≤0.5 |
| 26 | 丙烯醛 | ≤0.5 |
| 27 | 硼 | ≤2.0 |
| 28 | 粪大肠菌群(个/升) | ≤10000 |
| 29 | 蛔虫卵数(个/升) | ≤2 |

注:表内为二类灌溉水质的标准

表 6-3 中华人民共和国土壤环境质量标准 (GB 15618—1995)

| 指标(毫克/千克) | pH 值<6.5 | pH 值=6.5～7.5 | pH 值>7.5 |
| --- | --- | --- | --- |
| 镉≤ | 0.30 | 0.30 | 0.60 |
| 汞≤ | 0.30 | 0.50 | 1.0 |
| 砷≤ | 40 | 30 | 25 |
| 铜≤ | 50 | 100 | 100 |
| 铅≤ | 250 | 300 | 350 |
| 铬≤ | 150 | 200 | 250 |
| 锌≤ | 200 | 250 | 300 |
| 镍≤ | 40 | 50 | 60 |
| 六六六≤ | 0.50 | 0.50 | 0.50 |
| 滴滴涕≤ | 0.50 | 0.50 | 0.50 |

注:表内为在不同 pH 值下土壤环境质量的二级标准值

## (二)整 地

绞股蓝 GAP 生产基地宜选林阴下的缓坡地,富含腐殖质、具有较好的排灌条件、中性或微酸性的沙质壤土。也可选土质疏松、肥沃、排水良好的平地,忌干旱或长期积水的地块。选好地后,应在种植前 1 个月进行深翻整地,晒白,然后耙细平整。

整地可以改进土壤物理性质,使土壤松软有利于水分的保持和空气的流通,根系易于伸展;可以促进土壤风化和有益微生物的活动;有利于可溶性养分含量的增加;通过翻地、整地可把病菌和害虫暴露于空气中,让太阳暴晒,便于杀虫灭菌,有预防病虫害发生的良好作用,还有利于增加土壤的通透性。

### (三)施基肥

地选好后进行深翻，整平耙细，结合整地每667平方米施入充分腐熟的农家肥(猪、牛粪或鸡粪等)2 800～3 000千克；饼肥60～80千克；过磷酸钙35～50千克，复合肥30千克，有条件的可施入绿肥和五四〇六菌肥，翻入土中作基肥。然后再平整耙细土壤，做1.5米宽的高畦，沟深20～30厘米，畦面要整齐。四周开好排水沟，以利于排水。

## 二、移　植

移植是为了扩大苗株的株、行距，使幼苗获得足够的营养、光照与空气，同时在移栽时切断了幼苗的主根，可使苗株产生更多的侧根，形成发达的根系，有利于其生长。待实生苗长出3～4片真叶、扦插苗长至15～20厘米，即可移植至大田。移植前，实生苗一般要疏苗，除去过密、瘦弱或有病的小苗，也可将疏下的幼苗另行栽植。

于春分至清明前后，选择在阴天无风或晴天傍晚时进行移植。移栽时土壤要干湿得当，一般在土壤稍干时移植，但土壤过分干燥，易使幼苗萎蔫。若苗床土壤较干燥，最好先在种植前1天浇水，使土壤吸水后不黏手再起苗。土壤较湿时，不仅不便操作，且在种植后土壤容易板结，不利于幼苗生长。移栽时不要压土过紧、过实，以免根部受伤，但浇水可使土粒随水下沉，与根系紧密接触。

挖苗时切断主根，尽量不要伤及须根，尽可能带护根土移植，这样植株更易成活。挖苗与种植要密切配合，随挖随种。如果风大或遇干燥季节，水分蒸发强烈，挖起的幼苗要用塑料薄膜覆盖遮荫。

栽后随即覆土、压实，浇透定根水。如遇晴天，须于每天早晨或傍晚浇水，以保证幼苗成活率。若在没有遮荫条件下的平地移栽，每隔 2 行种植 1 行高秆玉米，以利于遮荫。在阴坡或半阴坡地栽种，可不必间作高秆作物。

## 三、种植密度

要合理密植，营造良好的田间小气候。种植密度过大会使田间空气不畅通，容易诱发病虫害发生。种植绞股蓝，一般按 30 厘米×60 厘米（每 667 平方米约 3 700 株）或 35 厘米×60 厘米（每 667 平方米约 3 180 株）的株、行距，采用穴栽或开沟种植。穴栽时穴要稍大，以使根系舒畅伸展。栽植深度以不露出或稍超过苗根原基入土部分为宜。开沟栽植时，要使根系自然伸展，覆土要细，适当压实，立即浇透定根水。天气干旱时，要边种边浇水。移栽后，浇足水保持前期土壤湿润，以利于定根。幼苗因根少，分株移栽时最好选择在阴雨天进行。气温高时，每天浇 2 次水，以免萎蔫。

## 四、间苗与补苗

用种子播种繁殖的苗地往往出苗较密，由于幼苗之间过于挤塞，造成通风和透光不好以及养分竞争，因此要及早进行间苗。适当拔除一部分过密、瘦弱和有病虫害的幼苗，保留生长健壮的植株。间苗时间一般宜早不宜迟，避免幼苗过密，生长纤弱而易发生倒伏或死亡。此外，幼苗生长过密，通风和透光不好，还容易引起病害。太迟间苗，幼苗生长较大，不仅消耗养分，而且根系已伸展和深扎，间苗困难，且易伤害邻近的植株。间苗可分2～3次进行。

定植后的地块要经常检查是否出现死苗和缺苗，如出现死苗或缺苗，则应及时进行补苗。

## 五、缓苗期管理

此期管理主要是提供适宜的温度和水分，促进早缓苗。早、晚还需各浇水1次，以保湿和降温。早春则用地膜覆盖保温，控制气温在22℃～25℃，保持土壤湿润即可。另外，注意防止地下害虫咬断幼苗，防治方法是在定植时将米乐尔按每667平方米约1千克的使用量，均匀地撒在土表上。定植7～10天后，植株开始长出新根。为促进植株生长，同时每667平方米追施尿素5千克，有条件的地方最好薄施1次人粪尿，定植15天后即可恢复生长。

## 六、间套作与轮作

绞股蓝耐阴性强，喜散射光，因此宜选常绿阔叶林下间种。如在无荫蔽条件的山坡、旱坡地或平地种植，可间作玉米等高秆作物，利用高秆作物进行遮荫。通过对间种作物的管理，既可促进绞股蓝的生长，又可增加经济收入。可实行粮药、果药、林药间套作，以达到林、粮、药三丰收。

为了保持绞股蓝优良种性和连续高产，通常每隔3～4年再种1茬。可实行与水稻轮作，也可与玉米、蔬菜等作物轮作，但切忌与瓜类等葫芦科作物轮作。

# 七、荫蔽与搭架栽培

## (一)等高带状林内种植方法

在宽4米的林下除去杂草，松土播种，保留树木荫蔽，使荫蔽度达60%～80%，其两侧为2米宽的原植被保留带，以便其攀缘。

## (二)搭棚支架

棚架一般高1.5～2.5米，上盖稻草或秸秆、塑料网等物遮荫。支架可用竹竿或树枝搭成“人字架”，供绞股蓝茎蔓在生长期间攀缘；或搭一定高度的棚架或拉网绳，使茎蔓在其上匍匐生长。也可在铁丝网下种植绞股蓝，以铁丝网作其攀缘物。采用搭架栽培可以合理利用土壤、光照和水分，营造一个适宜的生长环境，促进绞股蓝优质高产。

# 八、中耕除草

苗期要及时清除田间杂草，并适当进行中耕松土，中耕能疏松土壤，流通空气，加强保墒。定植成活后常松土，可促进肥水吸收，有利于植株生长。一般每年中耕3～4次，保持土壤疏松，田间无杂草，减少肥水消耗，保持田园清洁，防治病虫害的滋生和蔓延。中耕、除草一般在封行前，选择晴天或阴天土壤湿度不太大时进行。绞股蓝的根系较浅，中耕宜浅。封行后，植株分枝较多，茎蔓和叶片生长茂盛，中耕、除草次数要减少，以免伤害植株。

## 九、水分管理

土壤水分不足时，植株易发生萎蔫；水分过量，会引起茎叶徒长，延缓生长，甚至使根系窒息死亡，故灌溉与排水是调节植物对水分要求的重要措施。苗期要注意浇水保苗，防止干旱，促进根系下扎，以利于幼苗茁壮生长；植株封行后，耗水量增大，要经常保持土壤湿润。在雨季，尤其是连续多天的大雨后，田间常有积水，要及时排掉，以减少病害的发生和引起烂根。绞股蓝怕涝也不耐旱，因此遇到天气干旱要及时浇水保苗，尤其是 5～9 月份植株生长旺盛时期，不能缺水，要保持土壤干湿适度。

## 十、种根防寒越冬管理

绞股蓝采收后，只需稍加培土，覆盖茬口，地下根茎在南方能露地安全越冬。在北方，由于严寒冰冻，地下根茎容易遭受冻害，必须覆盖暖性农家肥，如牛粪、马粪或麸糠等，厚 10 厘米左右，以确保安全越冬。也可于冬季挖取地下根茎，另找一块地集中存放在坑内越冬。先在坑底铺上一层 10 厘米厚的湿沙，再放入种根，厚 20 厘米左右，然后再铺上一层 5 厘米厚的细沙。如此相间层积存放越冬。

# 第七章　绞股蓝标准化生产的施肥技术

## 一、绞股蓝标准化生产提倡施用的肥料种类

绞股蓝标准化生产的重要内容就是在绞股蓝种植过程中，提倡施用生态肥料，以保护环境，并促进绞股蓝生产与生态环境协调发展。

绞股蓝标准化生产允许使用的肥料种类有：农家肥、绿肥、菌肥、叶面肥、饼肥、腐殖酸类肥料、动物性杂肥、沼气发酵残渣，以及发酵工业废渣等生态肥料。

### （一）农家肥

农家肥是一种天然、优质和高效的有机生态肥料，来源方便、丰富，既能均衡供应养分，又能改良土壤结构，提高药材品质，不污染环境。它包括厩肥和土杂肥等。使用前一定要沤烂，充分腐熟，最好做高温堆肥以杀灭各类病原菌，使用会更安全。应大力提倡高温堆肥，因为在堆制过程中，物料发酵能使温度达到55℃～70℃，持续时间达10～15天，可杀死废弃物中的病原微生物、虫卵及杂草种子等。并对废弃物中所含的有机氯农药如六六六、DDT等有明显的降解作用，对六六六的降解率可达60％～80％，对DDT的降解率可达50％～70％。

## (二)绿　肥

如作物秸秆肥料,可加强土壤的保肥透水性,使其耕作性变好,加速土壤腐化,减少土壤养分损失,在贫瘠土壤、盐碱土上施用绿肥,效果更加明显。为加速绿肥分解,提高肥效,可事先进行堆制或沤制。应注意控制施用量,提高耕种质量或提前进行堆制、沤制后再使用。

## (三)生物菌肥

生物菌肥即微生物肥料,是含有大量活性有益微生物个体的生物肥料,包括腐殖酸类肥料、根瘤菌肥料、磷细菌肥料、复合微生物肥料等。生物菌肥一般由多功能复合菌体和工农业生产中含氮、碳的有机废弃物配制而成,主要依靠微生物的缓慢分解作用,发挥其肥效,可有效减少中药材中硝酸盐的含量,改善中药材品质。菌肥在应用时不能与抗生素混合使用,可作基肥、种肥等。菌肥主要有以下品种。

**1. 复合菌肥**　含有几种甚至几十种有益微生物的混合生物肥料,能适应不同地区、气候和土壤条件,扩大和提高菌肥效果。凡是没有生物拮抗作用的菌肥都可以组成复合菌肥使用,如五四〇六菌、增产菌等。在实际应用时,还应适当与其他肥料搭配使用,特别是与其他有机肥料搭配,才能起到好的效果。

**2. 抗生菌肥料**　是指含有活性抗菌微生物,同时能促进土壤中养分转化的微生物制剂。如五四〇六菌肥,能分泌激素类物质,加速土壤中氮和磷的转化,杀死有害病菌,使作物增产10%～25%。可作基肥或追肥,浸种与蘸根等方法均可,也可与其他有机肥堆制发酵或与菌肥混合使用,以提高肥效。

### (四)叶面肥

叶面肥种类多,大多为无机型,少量是有机型如氨基酸、腐殖酸等,能起到植物根系施肥所起不到的作用。包括微量元素肥料,即以铜、铁、硼、锌、锰和钼等微量元素及有益元素为主配制的肥料。使用时要严格控制浓度,以免烧伤叶片,通常浓度为0.001%～1%。在植物生长需肥高峰期和最大生长期或缺素状态下使用,且要连续喷施几次,有的可以与其他农药同时使用。

### (五)饼　肥

饼肥是一种肥效高、长效的有机肥,适用于各种土壤和植物。生产中多用在经济价值较高的植物上,可作基肥或追肥,在使用饼肥前应尽量将其粉碎。未发酵腐熟的饼肥应避免与种子直接接触,否则会影响种子发芽。

## 二、绞股蓝标准化生产的施肥原则与应注意的问题

### (一)施肥原则

绞股蓝标准化生产的施肥原则是:以有机肥为主,辅以其他肥料;以多元复合肥为主,单元素肥料为辅;以施基肥为主,追肥为辅。尽量限制化肥的施用,如确实需要,可以有限度、有选择地施用部分化肥。但应注意掌握以下原则:①禁止使用单一的硝态氮肥。②控制用量,一般每667平方米不超过25千克。③化肥必须与有机肥配合施用,有机氮与无机氮比

例为2∶1,少用叶面喷肥。虽然叶面喷肥能增产,但氮素在叶片表面直接与空气接触,最容易转化成硝酸盐,由叶片进入中药材产品,造成污染。④最后1次追施化肥应在收获前30天进行。

为降低污染,充分发挥肥效,应实施配方施肥,即根据绞股蓝营养生理特点、吸肥规律、土壤供肥性能及肥料效应,确定有机肥、氮、磷、钾及微量元素肥料的适宜用量和比例以及相应的施肥技术,做到对症配方。具体应包括肥料的种类和用量;基肥和追肥的比例;追肥次数和时期;以及根据肥料特征采用的施肥方式等。

### (二)施肥应注意的问题

**1. 化肥要深施、少施和早施** 深施可以减少氮素挥发,延长供肥时间,提高氮素利用率。早施则有利于植株早发快长,延长肥效,减轻硝酸盐积累。一般铵态氮施于6厘米以下土层;尿素施于10厘米以下土层。

**2. 配施生物氮肥,适当增施磷、钾肥** 配施生物氮肥是解决限用化学肥料的有效途径之一。磷、钾肥对增强绞股蓝的抗逆性有显著效果。

## 三、绞股蓝标准化生产的施肥技术

### (一)基肥的施用

绞股蓝播种或移植后,在一地通常要生长3～4年,需要补充营养,尤其是利用林地、旱坡地种植,更要施肥,以改良土壤和提高土壤肥力。有机肥(农家肥)是迟效肥料,是最好的基肥。可以结合倒土、做床，或移栽时施入充分腐熟的有机肥料，与土壤拌匀，施入苗床底层，以防烧苗或侵染病害。

### (二)追　肥

按《中药材规范化生产允许使用的肥料种类和使用原则》(附录二)的要求，尽量使用允许使用的肥料种类，结合环境条件和植物特性进行施肥。追肥时应注意肥料种类、浓度、用量和施肥方法，以免引起肥害、植株徒长和肥料流失。

绞股蓝移栽 10～15 天幼苗返青时，可结合松土除草，进行浇水和第一次追肥，可追施稀薄的人、畜尿 1 次，每 667 平方米约 1 000 千克，或每 667 平方米浇施 0.3%的尿素水溶液 1 000 千克左右。植株封行后可改施颗粒复合肥 1～2 次，每次每 667 平方米追施 30 千克及其他微量元素肥料，每次追肥结合中耕除草进行。每次收割后都要松土施肥，有利于植株的萌芽和抽蔓。在最后 1 次收割后，应重施 1 次越冬肥，每 667 平方米施腐熟厩肥 2 000～2 600 千克，饼肥 50 千克，于行间开沟施入，施后覆土盖肥，并于植株旁培土防冻，以利于地下根茎安全越冬。霜降以后，气温下降，可在叶片上喷草木灰澄清液，以免冻害。

按《中药材生产质量管理规范》(试行)的要求，尽量选用国家生产绿色食品过程中允许使用的肥料种类。可适当使用化学肥料，但严禁使用硝态氮肥。

### (三)叶面喷肥

在绞股蓝展叶、生长发育盛期和幼果期，叶面喷施 0.2%的磷酸二氢钾溶液各 1 次，也可喷施植宝素和叶面宝等其他叶面肥。

# 第八章 绞股蓝标准化生产的主要病、虫、草害防治

## 一、绞股蓝主要病害及其防治

### (一)绞股蓝白粉病

**1. 危害症状** 绞股蓝在整个生育期都可发病,但以生育中后期发病较普遍。主要危害叶片,也危害叶柄和茎蔓,发病严重时叶片干枯,植株早衰,影响绞股蓝的产量和品质。发病初期,在叶面、叶背、幼茎上产生白色的小斑点,后逐渐向四周扩展,形成许多不规则的霉斑,并遍及全叶,似覆盖一层面粉,故称白粉病。叶背面霉斑常由叶缘沿叶脉向内扩展。环境条件有利于发病时,霉斑很快连成一片,整个叶片布满白色粉状物(菌丝体和分生孢子)。严重发病的植株,叶片泛黄、卷缩,但不脱落。田间发病最初仅点片发生,形成明显的发病中心,并以下部叶片发病为主,而后病害向周围植株及上部叶片扩散。生长后期病叶背面的霉斑变为灰色,病灶处散生小黑点,即闭囊壳。

**2. 病原菌** 绞股蓝白粉病的病原菌为 *Sphaerotheca cucurbitae* (Jacz.)Z. Y. Zhao,属子囊菌亚门,白粉菌目,单囊壳属。菌丝体生于叶两面。分生孢子梗无色,圆柱形,有隔膜,不分枝,上生成串的分生孢子。分生孢子无色,腰鼓形或广椭圆形,19.5~33 微米×12~18 微米。有性态产生闭囊壳。闭

囊壳散生，球形，褐色至暗褐色，直径 72～99 微米。附属丝 4～8 根，曲膝丝状，基部稍粗，平滑，有 3～5 个隔膜，无色或下部淡褐色，长度是闭囊壳直径的 0.5～3 倍。子囊 1 个，广椭圆形或近球形，无柄或有短柄，60～84 微米×42～63 微米。子囊孢子 4～8 个，椭圆形，19.5～28.5 微米×15～19.5 微米。分生孢子萌发温度为 10℃～30℃，以 20℃～25℃最为适宜。孢子萌发需较高的温度。病原菌的寄主范围较广，可危害黄瓜、南瓜、甜瓜、西瓜、丝瓜、葫芦和西葫芦等葫芦科的多种植物。

**3. 发病规律及侵染循环** 绞股蓝白粉病的病原菌主要是白粉菌。在冬季，白粉菌以闭囊壳随病残体在土表越冬。翌年 3～4 月间散出子囊孢子，环境适宜时进行初侵染。病株表面产生的分生孢子借气流和雨水溅射传播，引起再侵染。病菌孢子在适宜环境条件下萌发，直接侵入植株表皮细胞，在细胞内产生吸器吸取养分。寄主体表的菌丝体匍匐蔓延，多次形成大量分生孢子，引起重复侵染。秋季在病部再次形成闭囊壳越冬。本病与瓜类上常发生的白粉病是同一种病原菌，邻近瓜地的绞股蓝发病率往往较高，瓜类病株可能是病害的主要侵染来源。

病害的发生发展与环境因素密切相关。在温暖无霜地区或温棚内，病菌以分生孢子在寄主作物间辗转传播。分生孢子萌发的温度范围在 10℃～30℃，空气相对湿度 98%时最适宜。昼夜温差大和多雾、潮湿的气候条件易诱发此病。干旱季节，早晨有露水时也会发生。当田间温度在 16℃～24℃时，病害发展很快。4 月中下旬是田间病害始发期，7 月份和 8 月份气温较高，天气干燥，病害常受到抑制，9～10 月份潮湿凉爽条件下病害进入盛发期，10 月份以后发病渐止。此外，雨滴会使孢子细胞破裂，影响孢子萌发，对发病不利。管理不当，偏施氮肥的田块，植株茎叶生长过旺，田间湿度增大，通风透气性差，病害发生较重，种植密度大的田块发病重。植株的不同生育期对病害的抵抗力有差异，通常幼嫩植株或嫩叶抗病力较强，而生长中后期的植株容易发病。

**4. 防治方法**

(1)土壤消毒　种植前用50%的代森铵水剂200～400倍液，每平方米用2～4千克(相当于原液10毫升)在播种床内浇灌土壤。也可用10%多菌灵可湿性粉剂，每667平方米用5千克处理土壤。

(2)播种无病菌的种子　播种前用种子重量0.3%的70%甲基硫菌灵或50%多菌灵可湿性粉剂加75%的百菌清可湿性粉剂(1∶1)混合拌种，并密闭48～72小时。

(3)清除病株　早期发现染病的植株，应尽快将其拔除并烧毁；及时割除中心病株，减少病害扩散。

(4)药剂防治　在植株发病初期，宜及早发现，及时喷药，防止病害扩展。可用70%甲基硫菌灵可湿性粉剂1 000～1 200倍液，或25%多菌灵可湿性粉剂800～1 000倍液，或50%硫磺悬浮剂200～300倍液，或15%粉锈宁可湿性粉剂800～1 000倍液喷雾防治，每隔7～10天喷1次，连续喷2～3次即可。

(5)农业防治　种植地不宜选瓜类茬地，应选远离瓜地或未种过瓜类的地块；适当增施磷、钾肥，使植株生长健壮，增加植株抗病力；及时搭架引蔓生长，有利于通风透气，降低田间湿度，造成不利于孢子萌发的条件，对预防白粉病能起到较好的效果；收获时处理好病残体并集中烧毁，以消灭越冬病原菌。

## (二)绞股蓝白绢病

**1. 危害症状** 绞股蓝白绢病又称菌核根腐病，是绞股蓝的另一种严重病害，主要危害茎基部。发病初期，茎基部产生水渍状褐色不规则病斑，其后产生白色绢丝状菌丝，逐渐成为菜籽状菌核。菌核初为白色，后为黄色，最终为褐色，茎基部腐烂死亡，植株地上和地下部分即发生分离，植株枯萎死亡。发病严重的植株可引起成片植株枯萎或死亡。

**2. 病原菌** 绞股蓝白绢病的病原菌为 *Sclerotium rolfsii* Sacc.，属半知菌亚门，无孢目，小核菌属。菌丝体白色，有绢丝般光泽，从中心向四周辐射状扩展。菌核表面光滑，球形或近球形，直径 0.8～1.6 厘米。菌核中部呈淡黄色，形状稍长，疏松状，边缘细胞呈土黄色，形状较小。萌发的菌核周围具有放射状白色菌丝体。

**3. 发病规律及侵染循环** 主要以菌丝和菌核在病株体内或土壤中越冬，成为翌年白绢病的侵染源。菌丝萌发后即可侵害寄主，病菌喜高温高湿环境，每年 6～9 月高温多雨季节发病严重，气温低于 15℃或高于 40℃则停止发生。

田间最早在 4 月中下旬开始发病，6 月上旬至 9 月上旬为发病盛期，10 月份开始逐渐停止扩展。当温度在 25℃～35℃，空气相对湿度 90%时，菌核保湿 24 小时即能萌发侵染植株。土质酸性、地势低洼、湿度过大、光照不足等条件均能导致植株严重发病。

**4. 防治方法**

(1)*土壤消毒* 种植前每 667 平方米用 1.5～2 千克的 50%甲基托布津可湿性粉剂、10%多菌灵可湿性粉剂或用 0.1%的土壤散处理土壤。每 667 平方米土地施用 100 千克消石灰，亦有防病作用。

(2)清除病株　尽早发现感病的植株，并及时将其拔除烧毁。

(3)药剂防治　可用70%甲基硫菌灵可湿性粉剂1 000～1 200倍液，或用25%多菌灵可湿性粉剂600～800倍液喷施植株和土壤，每隔7～10天喷1次，连喷2～3次，可有效防治。

此外，避免前茬为葫芦科的瓜类作物，并不与瓜类田块相邻；在施用农家肥前应进行腐熟处理；加强田间管理，施肥比例要适当，不偏施氮肥；合理密植，适地搭架栽培，注意通风透光；采用水旱轮作，选用无病植株繁殖种苗，也是预防白绢病的切实可行的方法。

### (三)绞股蓝花叶病

花叶病系病毒引起。病毒能靠汁液摩擦传播和蚜虫传播。防治上应选用无病母株和无病毒的种子作繁殖材料。药剂防治可用1.5%植病灵乳剂1 000倍液，或20%病毒A可湿性粉剂500倍液，每隔7～10天喷1次，连喷2～3次。并及时防治蚜虫，防止病毒传播。

## 二、绞股蓝主要虫害及其防治

田间调查结果表明，为害绞股蓝的害虫约有17种，主要有黄守瓜、黄曲条跳甲、斜纹夜蛾、蚜虫、三星黄萤叶甲、灰巴蜗牛、蛞蝓和蛴螬等。

防治黄守瓜可用90%敌百虫800倍液加50%辛硫磷乳油1 000倍液进行全面喷雾。黄曲条跳甲用80%敌敌畏或

50％辛硫磷乳油 800～1 000 倍液喷雾防治。防治斜纹夜蛾用 20％灭扫利乳油 2 000～2 500 倍液喷雾。

蚜虫之幼虫和成虫通常群集在嫩梢、心叶和茎上，刺吸叶汁，使叶片卷缩发黄，严重时落叶。由于蚜虫繁殖快，蔓延迅速，必须及时防治。一般采用药剂防治。但蚜虫多在心叶及叶背皱缩处，药液难以全面喷到。因此，应尽量选择具有触杀、内吸和熏蒸三重作用的农药，如 50％辟蚜雾（抗蚜威）可湿性粉剂 2 000 倍液，或蚜虱净 1 200 倍液，或 40％乐果乳油 1 000～2 000 倍液，或 20％速灭杀丁乳油 2 000～3 000 倍液，或 47％乐斯本乳油 1 000 倍液，或 50.5％农地乐乳油 1 500 倍液和蚜克星 1 000 倍液等轮换使用，喷雾防治。

三星黄萤叶甲一般于 4 月中下旬开始发生，以幼虫和成虫为害叶片，苗期用 90％敌百虫晶体 800～1 000 倍液或 50％辛硫磷乳油 1 500 倍液进行地面喷雾。灰巴蜗牛和蛞蝓主要为害叶片、芽和嫩茎，可撒施石灰水或石灰粉进行防治。蛴螬可用 90％敌百虫晶体 800 倍液加 50％辛硫磷乳油 1 000 倍液进行地面全面喷雾防治。

以上采用药剂防治，通常每隔 7～10 天喷 1 次，连喷 2～3 次。同时应做好生物防治，保护和利用好天敌，确保产品安全优质。

根据国家《中药材规范化生产允许和禁止使用的农药种类及使用原则》（附录三），应严格禁止使用剧毒、高毒、高残留或具有三致（致癌、致畸和致突变）的农药，最后 1 次施药距采收天数不得少于规定的天数。鉴于生物源农药对环境和人、畜危害小，而且使用灵活、经济、效果持久、有预防性，故在中药材规范化生产中提倡使用生物源农药。

# 三、绞股蓝草害及其防治

## (一)杂草的种类

绞股蓝田间常见的杂草主要有禾本科植物的水蜈蚣、马唐草、白茅、牛筋草、狗尾草和稗草等,双子叶植物的胜红蓟、丁香蓼、少花龙葵、马齿苋、空心莲子草、蛇莓、假臭草、山薄荷、荠菜、猪毛菜、灰灰菜、繁缕草和田旋花等。这些杂草不仅与绞股蓝争夺土壤中的营养和水分,而且还恶化环境,传播病虫害,严重影响绞股蓝的产量和质量。

在杂草的防除过程中,要针对不同的杂草采用不同的方法进行防除,通常选用化学除草剂除草,不仅省工省时,而且比较彻底、可靠,能收到较好的防除效果。

## (二)杂草的防除

**1. 播种前除草** 化学除草应以药材播种前土壤施药为主,争取一次施药便能保证整个生育期不受杂草危害。播种前土壤处理常用药剂如下。

(1)48%氟乐灵乳油 氟乐灵除草谱广,能有效防除1年生靠种子繁殖的禾本科杂草,如白茅、马唐草、牛筋草、水蜈蚣、狗尾草和稗草等,以及小粒种子的阔叶杂草,如藜科、苋科、蓼科和马齿苋等,田间有效期为2～3个月。喷药时间:于播种前5～10天杂草萌发新芽前,每667平方米用48%氟乐灵乳油100毫升对水40～50升,对绞股蓝种植地土表进行均匀喷洒处理。因氟乐灵易挥发和光解,应随喷随进行浅翻,将药液及时混入5～7厘米土层中。也可在喷药后随即浇透水,但效果不如浅翻混土。施药后隔5～7天才可以播种。

(2)50%乙草胺乳油　该药剂主要通过植株地上部分吸收药液后，抑制蛋白质合成，使芽和根停止生长，而导致杂草在出土前、出苗时和出苗后不久就死亡。对多种1年生禾本科杂草有特效，并可兼除部分小粒种子的阔叶杂草。喷药时间：播种前或播种后，或移苗前3～5天均可，但必须在杂草出土前施用。每667平方米用该药剂70～75毫升，对水40～60升均匀喷雾于土表。

**2. 播种后出苗前除草**　绞股蓝在播种3～4周后方可出苗。这期间将有很多杂草萌发生长，不仅消耗土壤中水分、影响土壤升温，还将推迟绞股蓝出苗时间。因此，在杂草见绿、绞股蓝种子尚未出苗前，可用20%克芜踪水剂150～200毫升对水25～30升均匀喷雾于土表，也可选用41%农达水剂150～200毫升对水30～40升均匀喷雾，除掉这部分已出芽见绿的杂草。因克芜踪和农达对未出土的杂草无效果，因此对未出苗的绞股蓝没有任何影响，绞股蓝出苗后绝不能使用此类药剂除草，以免杀死药苗。

**3. 出苗后除草**　在绞股蓝的生长过程中，田间易长出一些1年生的禾本科植物杂草，当杂草长至3～5片叶时，每667平方米可用40%乙·利可湿性粉剂100～150克对水25～30升均匀喷雾。也可用5%闲锄乳油40毫升对水30升均匀喷洒，如果每20毫升加1支增效剂特效王2毫升，将提高杀草效率30%～50%。当杂草生长至6～8片叶时可加大用药量，每667平方米用20%拿捕净乳油150～200毫升对水30～50升均匀喷雾。喷药后3天杂草心叶变黄，不生长，但此法对野燕麦和双子叶杂草无杀灭作用。

当绞股蓝进入旺盛生长期，覆盖地面后，很少有杂草生长。若发现杂草，只需人工拔除即可。

**4. 使用化学除草剂的注意事项**

(1)化学除草剂的选择　必须注意化学除草剂的选择性、专一性、时间性，不可误用、乱用除草剂，防止杀死药苗。

(2)严格掌握限用剂量　除草剂使用应综合具体土质、考虑农田小气候，严格按照药品说明规定的剂量范围、用药浓度、用药量使用。如一般贫瘠性沙性土壤除草施药渗透性很大，药材易受害，用药量要小，甚至忌药；多雨季节土壤墒情好，应低剂量用药；杂草出芽整齐、密度低，剂量亦应小些；地膜覆盖因湿度条件好，用药量也应减少。

(3)合理混用药剂　2种以上除草剂混合使用时，要严格掌握配合比例和施药时间及喷药技术，并要考虑彼此间有无拮抗作用或其他副作用。可先取少量进行可混性试验，若出现沉淀、絮结、分层、漂浮、变质，说明其安全性已发生改变，则不能混用。此外，还要注意混合剂增效功能，如杀草丹和敌稗混合剂的除草功效比各单剂除草功效的总和要大，使用时要降低混合剂药量(一般在各单剂药量的1/2以内)，以免发生药害，保证药材安全。

(4)正确使用　掌握好使用除草剂的最佳时间和技术操作要领，妥善保存好药剂，防止错用，并搞好喷药器具的清洗，以免误用，使其他作物产生药害。

(5)注意环境条件对除草剂的影响　温度、水分、光照、土壤类型、有机质含量、土壤耕作和整地水平等因素，都会直接或间接影响除草剂的除草效果。

(6)灵活用药　在绞股蓝植株基部采用药土法施药除草时，要在无露水时进行，以免茎叶接触药土受害。对绞股蓝胚芽和幼苗敏感的药剂，土壤处理应在播种前，种子盖土后施药，并尽量提高播种质量，适当增加播种量。在绞股蓝移植的田块，因其苗大而杂草幼小，可采取在行间施药。对选择性差或触杀性除草剂实行保护性施药，即将药液直接喷雾或泼浇于土表，尽量不接触幼苗，且不能拖延至植株生长旺盛、绿叶面积大时施用。若茬口允许，可在绞股蓝播栽前采取旱地浇灌、水田湿润、盖膜诱发等措施，使杂草提前萌发，再以药剂杀灭。

(7)其他　目前市面上还没有专门用于绞股蓝的除草剂，大多为借用农作物，如蔬菜、水果等除草剂。因此，必须在有实践经验的专家或农业技术人员的指导下购买除草剂和实施除草剂作业，以免造成不必要的经济损失和不良后果。

# 第九章　绞股蓝标准化生产的留种、采收与加工

## 一、绞股蓝标准化生产的留种技术

要保证绞股蓝的优良品种，必须要有优良的种子。首先要选择生长健壮，能体现品种优良特性的、抗病虫害能力强的无病虫害的优良母株。可选择生长良好的、无杂种、无退化和无病虫害田块的绞股蓝作留种田。选好田块后，加以精细管理。及时拔掉弱苗、劣苗、病苗和杂株。生长期应施足氮、磷、钾肥；进入开花结果期要适当多施磷、钾肥，以促进果实硕大、种子饱满。

采收果实时，要辨别果实成熟的特征。绞股蓝成熟的果实呈绿黑色至紫黑色。当果实成熟时应及时分批采收，及时晾干，放入容器内置于通风干燥处贮藏备用。一般每 667 平方米可采收种子 3 千克左右，高产者可达 3.5 千克以上。

## 二、绞股蓝种子的采收

### （一）绞股蓝种子的采收时期

绞股蓝果实成熟期为每年的 10～11 月份，此时果实由青绿色转变成绿黑色至紫黑色，即为合适的采种期。过早采收种子不成熟，过晚采收果实容易脱落或被鸟类啄食。因此，一

定要及时采收，以避免损失和保证种子质量。

### (二)绞股蓝果实的采收方法

目前，我国还没有绞股蓝果实采收机械，只能用人工采收。采收时应分批次采收，先成熟的先采收。通常选择在晴天，上午露水干后，用果剪剪断果枝，将果实放进编织袋中。落地果实应及时捡起来。采收时注意将好果和病害果实分开采收，以避免种子交叉感染病菌。

### (三)绞股蓝种子的搓洗

采收后的果实应及时搓洗，使果皮、果肉与种子分开。搓洗时，挑出病果和果柄后，用搓籽机搓洗或把果实装入口袋中用手搓洗，当果肉和种子完全分离后，投入到清水中淘洗，漂去果肉和秕粒，洗净后，捞出置于阴凉处晾干。当种子含水量为 13%左右时，放置于阴凉干燥处贮藏。

### (四)绞股蓝种子的阴干

绞股蓝种子不宜在强阳光下暴晒，最好是阴干或在弱光下通风晾干。

### (五)绞股蓝种子的贮藏

由于绞股蓝种子内含有抑制物质，具有休眠现象，刚采收的种子在自然条件下萌发所需时间较长。通常将阴干后的种子进行低温冷藏，适宜温度为 8℃～10℃，温度过高或过低，种子发芽率会受到影响。贮藏时间一般不超过 1 年，否则会降低种子的发芽率。

## 三、绞股蓝的收获

### (一)收获时期

绞股蓝种植的当年秋季就可以收割,翌年就可以获得高产,1 年种植可多年收获。在开花期初期收割,绞股蓝有效成分含量最高。

在南方,绞股蓝每年可收割 2～3 次。当茎蔓长达 1 米以上时即可根据需要进行采收,第一次在 6～7 月份,第二次在 9～10 月份,在入冬后植株停止生长时进行第三次收割;在北方种植,每年可收割 2 次,第一次在 8 月前后收割,第二次在 11 月中下旬收割。过迟或过早采收,绞股蓝有效成分皂苷含量不高。

### (二)收获方法

应选择在晴天进行收割,当第一次和第二次收割时,用镰刀在植株茎基部距地面 20 厘米左右处割下,保留 4～6 节,以利于新的茎蔓萌发。最后 1 次收割可齐地面整株割下。一般每年每 667 平方米可收获干茎叶 200 千克左右,高产的可达 250 千克以上。

## 四、绞股蓝的产地加工与炮制

### (一)产地加工

收割时,应选择在晴天进行。每 1 千克左右捆成一小把,架空挂在竹竿上，置于通风干燥处晾干，不宜暴晒。晾至半干时，用刀切成约 10 厘米长的小段，继续摊晾至全干。干后装入麻袋或编织袋中，放在通风干燥处贮藏，防止霉变。以干燥、叶多、色绿者为上等品。

绞股蓝的茎叶宜在 50℃条件下烘干后，密闭在阴凉干燥处存放。日本学者研究结果表明，绞股蓝宜用微波干燥法处理。采用室温干燥的绞股蓝，其皂苷易被细胞内的糖苷酶分解。该糖苷酶的活性在 60℃时分解皂苷能力最高，更不宜在太阳下暴晒。室温干燥 7 天的绞股蓝的茎叶，Gyp-3，5，8 等 3 种皂苷损失约为 60%。已干燥的茎叶也需在阴凉处密闭贮藏。密闭保存的绞股蓝色泽能够较好地保持。

绞股蓝鲜草的折干率约为 16%，茎与叶的干重比约为 1∶1.7，故收获时应尽量不使叶片脱落。

### (二)炮　制

拣去杂草、杂屑，去除残根老梗，扎成小把，用清水洗干净后捞起，沥干余水，晾干回软后再铡成 1 厘米长的小段，晒干或用文火烘干，筛去灰碎。

药材可直接用作药厂或制药公司的原料。

# 第十章　绞股蓝标准化生产的包装、贮藏与运输

## 一、包　装

绞股蓝药材晾干后，捆压成把，应用专用袋或纸箱包装，每件约25千克。

按照《中药材生产质量管理规范》(试行)的要求，包装前应再次抽查，清除劣质品和杂质；包装器材应无污染，要干净卫生、干燥、无破损；包装袋上应有包装记录，内容包括：品名、批号、规格、重量、产地、工号和日期等。

## 二、贮　藏

### (一)贮藏库要求

应有与药材贮藏量相适应的仓贮面积；具有防潮、防尘、防虫、防霉、防鼠、防火和防污染等设施。

### (二)贮藏库的消毒

贮藏库应通风、干燥、避光。最好有空调及除湿设备，地面为混凝土或可冲洗的地面，并具有防鼠防虫措施。产品入库48小时前，应完成室内除尘、地面冲洗和紫外线消毒等工作。

### (三)贮藏方法

包装好的产品应存放在货架上，与墙壁、地面保持60～70厘米的距离。存放温度控制在28℃以下，空气相对湿度控制在70%～75%，商品安全含水量控制在10%～13%。定期抽查，以防止虫蛀、霉变和腐烂等现象。按照国家有关规定，贮存保管3个月、6个月、1年及1年以上的库房定额损耗率分别为1%、1.3%、1.6%和2%以内。

### (四)保质期

保质期为2年。

## 三、运　输

### (一)运输工具

各种洁净的运输车辆。

### (二)注意事项

药材批量运输时，注意不能与其他有毒、有害的物质混装；运载容器应具有较好的通气性，要防止吸潮、防止霉变、防止暴晒。按照国家有关规定，运输距离在200千米、201～500千米、501～1 000千米、1 000千米以上时，其运输定额损耗率应分别控制在1.5%、1.8%、2.4%和3%以内。

# 第十一章　绞股蓝标准化生产的质量标准与监测

按照《中药材生产质量管理规范》(试行)、《中华人民共和国药典》(2000 年版一部)的有关规定，药材的质量标准内容较多，一般应包括：药材名称、来源(包括药材原植物的科、科中文名、拉丁文学名、药用部位、采收季节和产地加工等)、性状(包括药材的形、色、质地、气味等特征的描述)、鉴别(包括显微鉴别和理化鉴别)、检查、浸出物、含量测定、注意事项和贮藏方法等。

## 一、药材性状

本品茎纤细灰棕色或暗棕色，皱缩，表面具纵沟纹，被稀疏绒毛，鸟足状复叶，小叶膜质，常 5～7 枚，少数 9 枚，叶柄长2～6 厘米，被糙毛；侧生小叶卵状长圆形或长圆状披针形，中央 1 枚较大，长 3～12 厘米，宽 1.5～4 厘米，先端渐尖，基部楔形，两面被粗毛，叶缘有锯齿，齿尖具芒。果实圆球形，直径 0.5～0.8 厘米，果梗长 0.3～0.5 厘米。茎和叶味甜，有草香气。

## 二、商品规格

绞股蓝商品均为统货，不分等级；以干净、色绿、叶多、无杂草和霉变为优；干品安全含水量为 10%～13%；本商品中叶不得少于 30%；总皂苷含量 5%以上。

## 三、化学成分

绞股蓝的主要成分为绞股蓝皂苷、多糖、黄酮类化合物、甾醇类化合物、有机酸、氨基酸、生物碱、蛋白质和微量元素等。

### (一)绞股蓝皂苷

1976 年日本学者永井正博等在绞股蓝中分离得到了人参二醇和 2α- 羟基人参二醇,首次揭示了绞股蓝中含有达玛烷(dammarane)型皂苷成分。竹本常松等人用了近 20 年的时间,对日本产绞股蓝化学成分进行了系统研究,从中分离鉴定了 82 种皂苷,其中绞股蓝皂苷Ⅲ、Ⅳ、Ⅷ、Ⅻ,分别与人参皂苷 Rb1、Rb3、Rd、F2 属同一物质。绞股蓝皂苷与人参皂苷同属四环三萜的达玛烷(dammarane)型结构。随后,人们对绞股蓝皂苷开展了大量研究,迄今发现的绞股蓝皂苷总共达 136 种。

通常绞股蓝根茎的皂苷含量最高,其次是茎叶,种子中的皂苷含量较低。而雄株与雌株相比,雄株中的绞股蓝皂苷含量较高,质量较好。

### (二)多　糖

多糖也是绞股蓝中含量比较多的化学成分。据对碱提绞股蓝水溶性多糖的研究,绞股蓝含有一种粗多糖(AGM),它由鼠李糖、木糖/岩藻糖、阿拉伯糖、葡萄糖和半乳糖组成。还含有 GPS-2、GPS-3 和 GPS-4 等 3 种绞股蓝多糖,其中 GPS-2 成分中含有鼠李糖和木糖,GPS-3 成分中含有鼠李糖、木糖、阿拉伯糖、果糖、葡萄糖和半乳糖。

### (三)黄酮类化合物

主要含有芸香苷(rutin),商陆苷(om-buoside),商陆黄素(ombuin)和丙二酸(malonic acid)等10多种黄酮类物质。

### (四)氨 基 酸

含天门冬氨酸(aspartic acid)、苏氨酸(threonice)、丝氨酸(serine)、谷氨酸(glutamic acid)等19种氨基酸。其中天门冬氨酸具有镇咳祛痰作用。

### (五)微量元素

含铁、锌、铜、锰、钼、镍、铬、氟、硒等多种微量元素。

此外,绞股蓝还含有甾醇类、萜类、有机酸、生物碱、蛋白质、维生素C(vitamin C)和甜味成分叶甜素(phyllodulcin)等。

绞股蓝化学成分因产地、采集时间、提取方法及提取部位(地上部分或地下部分,茎根或叶)等不同而异。

## 四、重金属、农药残留量等的限量指标

根据国家对外贸易经济合作部发布、2001年7月1日起实施的《药用植物及制剂进出口绿色行业标准》(附录四)进行检测。《药用植物及制剂进出口绿色行业标准》是我国第一个以国家政令的形式发布的中药进出口国家标准,并在国际上第一次确立了“绿色中药”的概念;它规定了药用植物及制剂的绿色品质标准,包括药用植物原料、饮片、提取物及其制剂

等的质量标准和检验方法。

## (一)重金属及砷盐

### 1. 限量指标

(1)重金属总量　　≤20.0 毫克/千克

(2)镉(Cd)　　≤0.3 毫克/千克

(3)铜(Cu)　　≤20.0 毫克/千克

(4)铅(Pb)　　≤5.0 毫克/千克

(5)汞(Hg)　　≤0.2 毫克/千克

(6)砷(As)　　≤2.0 毫克/千克

### 2. 检验方法

(1)重金属总量　《中华人民共和国药典》(2000 年版一部):附录 IX E 重金属检查法。

(2)铅　GB/T 5009.12—1996 食品中铅的测定方法(原子吸收光谱法)。

(3)镉　GB/T 5009.15—1996 食品中镉的测定方法(原子吸收光谱法)。

(4)总汞　GB/T 5009.17—1996 食品中总汞的测定方法(冷原子吸收光谱法)(测汞仪法)。

(5)铜　GB/T 5009.13—1996 食品中铜的测定方法(原子吸收光谱法)。

(6)总砷　GB/T 5009.11—1996 食品中总砷的测定方法。

## (二)农药残留量

### 1. 限量指标

(1)六六六(BHC)　　≤0.1 毫克/千克

(2)滴滴涕(DDT)　　　　≤0.1 毫克/千克

(3)五氯硝基苯(PCNB)　≤0.1 毫克/千克

(4)艾氏剂(Aldrin)　　　≤0.02 毫克/千克

**2. 检验方法**

《中华人民共和国药典》(2000 年版一部)(附录 60):附录 IX Q 有机氯类农药残留量测定法。

## (三)黄曲霉毒素

**1. 限量指标**　黄曲霉毒素 $B_1$(Aflatoxin≤5 微克/千克(暂定)

**2. 检验方法**　SN 0339—1995 出口茶叶中黄曲霉毒素 $B_1$ 的检验方法。

## (四)微生物限度

限量指标参照《中华人民共和国药典》(2000 年版一部)规定,检验方法参照《中华人民共和国药典》(2000 年版一部):附录ⅫC 微生物限度检查法。

# 附　　录

## 附录一　中药材生产质量管理规范(试行)

2002年3月18日经国家药品监督管理局局务会审议通过。
本规范自2002年6月1日起施行。

### 第一章　总　则

第一条　为规范中药材生产，保证中药材质量，促进中药标准化、现代化，制定本规范。

第二条　本规范是中药材生产和质量管理的基本准则，适用于中药材生产企业（以下简称生产企业）生产中药材（含植物、动物药）的全过程。

第三条　生产企业应运用规范化管理和质量监控手段，保护野生药材资源和生态环境，坚持“最大持续产量”原则，实现资源的可持续利用。

### 第二章　产地生态环境

第四条　生产企业应按中药材产地适宜性优化原则，因地制宜，合理布局。

第五条　中药材产地的环境应符合国家相应标准：

空气应符合大气环境质量二级标准；土壤应符合土壤质量二级标准；灌溉水应符合农田灌溉水质量标准；药用动物饮用水应符合生活饮用水质量标准。

第六条　药用动物养殖企业应满足动物种群对生态因子的需求及

与生活、繁殖等相适应的条件。

## 第三章　种质和繁殖材料

第七条　对养殖、栽培或野生采集的药用动植物，应准确鉴定其物种，包括亚种、变种或品种，记录其中文名及学名。

第八条　种子、菌种和繁殖材料在生产、贮运过程中应实行检验和检疫制度，以保证质量和防止病虫害及杂草的传播；防止伪劣种子、菌种和繁殖材料的交易与传播。

第九条　应按动物习性进行药用动物的引种及驯化。捕捉和运输时应避免动物机体和精神损伤。引种动物必须严格检疫，并进行一定时间的隔离、观察。

第十条　加强中药材良种选育、配种工作，建立良种繁育基地，保护药用动植物种质资源。

## 第四章　栽培与养殖管理

### 第一节　药用植物栽培管理

第十一条　根据药用植物生长发育要求，确定栽培适宜区域，并制定相应的种植规程。

第十二条　根据药用植物的营养特点及土壤的供肥能力，确定施肥种类、时间和数量，施用肥料的种类以有机肥为主，根据不同药用植物物种生长发育的需要有限度地使用化学肥料。

第十三条　允许施用经充分腐熟达到无害化卫生标准的农家肥。禁止施用城市生活垃圾、工业垃圾及医院垃圾和粪便。

第十四条　根据药用植物不同生长发育时期的需水规律及气候条件、土壤水分状况，适时、合理灌溉和排水，保持土壤的良好通气条件。

第十五条　根据药用植物的生长发育特性和不同的药用部位，加强田间管理，及时采取打顶、摘蕾、整枝修剪、覆盖遮荫等栽培措施，调控植株生长发育，提高药材产量，保持质量稳定。

第十六条　药用植物病虫害的防治应采取综合防治策略。如必须施用农药时,应按照《中华人民共和国农药管理条例》的规定,采用最小有效剂量并选用高效、低毒、低残留农药,以降低农药残留和重金属污染,保护生态环境。

## 第二节　药用动物养殖管理

第十七条　根据药用动物生存环境、食性、行为特点及对环境的适应能力等,确定相应的养殖方式和方法,制定相应的养殖规程和管理制度。

第十八条　根据药用动物的季节活动、昼夜活动规律及不同生长周期和生理特点,科学配制饲料,定时定量投喂。适时适量地补充精料、维生素、矿物质及其他必要的添加剂,不得添加激素、类激素等添加剂。饲料及添加剂应无污染。

第十九条　药用动物养殖应视季节、气温、通气等情况,确定给水的时间及次数。草食动物应尽可能通过多食青绿多汁的饲料补充水分。

第二十条　根据药用动物栖息、行为等特性,建造具有一定空间的固定场所及必要的安全设施。

第二十一条　养殖环境应保持清洁卫生,建立消毒制度,并选用适当消毒剂对动物的生活场所、设备等进行定期消毒。加强对进入养殖场所人员的管理。

第二十二条　药用动物的疫病防治,应以预防为主,定期接种疫苗。

第二十三条　合理划分养殖区,对群饲药用动物要有适当密度。发现患病动物,应及时隔离。患传染病动物应处死、火化或深埋。

第二十四条　根据养殖计划和育种需要,确定动物群的组成与结构,适时周转。

第二十五条　禁止将中毒、感染疫病的药用动物加工成中药材。

# 第五章　采收与初加工

第二十六条　野生或半野生药用动、植物的采集应坚持“最大持续产量”原则,应有计划地进行野生抚育、轮采与封育,以利于生物的繁衍与资源的更新。

第二十七条　根据产品质量及植物单位面积产量或动物养殖数量,并参考传统采收经验等因素确定适宜的采收时间(包括采收期、采收年限)和方法。

第二十八条　采收机械、器具应保持清洁、无污染,存放在无虫、鼠害和禽畜的干燥场所。

第二十九条　采收及初加工过程中应尽可能排除非药用部分及异物,特别是杂草及有毒物质,剔除破损、腐烂变质的部分。

第三十条　药用部分采收后,经过拣选、清洗、切制或修整等适宜的加工,需干燥的应采用适宜的方法和技术迅速干燥,并控制温度和湿度,使中药材不受污染,有效成分不被破坏。

第三十一条　鲜用药材可采用冷藏、沙藏、罐贮、生物保鲜等适宜的保鲜方法,尽可能不使用保鲜剂和防腐剂。如必须使用时,应符合国家对食品添加剂的有关规定。

第三十二条　加工场地应清洁、通风,具有遮荫、防雨和防鼠、虫及禽畜的设施。

第三十三条　道地药材应按传统方法进行加工。如有改动,应提供充分试验数据,不得影响药材质量。

## 第六章　包装、运输与贮藏

第三十四条　包装前应检查并清除劣质品及异物。包装应按标准操作规程操作,并有批包装记录,其内容应包括品名、规格、产地、批号、重量、包装工号、包装日期等。

第三十五条　所使用的包装材料应是清洁、干燥、无污染、无破损,并符合药材质量要求。

第三十六条　在每件药材包装上,应注明品名、规格、产地、批号、包装日期、生产单位,并附有质量合格的标志。

第三十七条　易破碎的药材应使用坚固的箱盒包装;毒性、麻醉性、贵细药材应使用特殊包装,并应贴上相应的标记。

第三十八条　药材批量运输时,不应与其他有毒、有害、易串味物质混装。运载容器应具有较好的通气性，以保持干燥，并应有防潮措施。

第三十九条　药材仓库应通风、干燥、避光，必要时安装空调及除湿设备，并具有防鼠、虫、禽畜的措施。地面应整洁、无缝隙、易清洁。

药材应存放在货架上，与墙壁保持足够距离，防止虫蛀、霉变、腐烂、泛油等现象发生，并定期检查。

在应用传统贮藏方法的同时，应注意选用现代贮藏保管新技术、新设备。

## 第七章　质量管理

第四十条　生产企业应设质量管理部门，负责中药材生产全过程的监督管理和质量监控，并应配备与药材生产规模、品种检验要求相适应的人员、场所、仪器和设备。

第四十一条　质量管理部门的主要职责：

(一)负责环境监测、卫生管理；

(二)负责生产资料、包装材料及药材的检验，并出具检验报告；

(三)负责制定培训计划，并监督实施；

(四)负责制定和管理质量文件，并对生产、包装、检验等各种原始记录进行管理。

第四十二条　药材包装前，质量检验部门应对每批药材，按中药材国家标准或经审核批准的中药材标准进行检验。检验项目应至少包括药材性状与鉴别、杂质、水分、灰分与酸不溶性灰分、浸出物、指标性成分或有效成分含量。农药残留量、重金属及微生物限量均应符合国家标准和有关规定。

第四十三条　检验报告应由检验人员、质量检验部门负责人签章。检验报告应存档。

第四十四条　不合格的中药材不得出场和销售。

## 第八章　人员和设备

第四十五条　生产企业的技术负责人应有药学或农学、畜牧学等相关专业的大专以上学历，并有药材生产实践经验。

第四十六条　质量管理部门负责人应有大专以上学历，并有药材质量管理经验。

第四十七条　从事中药材生产的人员均应具有基本的中药学、农学或畜牧学常识，并经生产技术、安全及卫生学知识培训。从事田间工作的人员应熟悉栽培技术，特别是农药的施用及防护技术；从事养殖的人员应熟悉养殖技术。

第四十八条　从事加工、包装、检验人员应定期进行健康检查，患有传染病、皮肤病或外伤性疾病等不得从事直接接触药材的工作。生产企业应配备专人负责环境卫生及个人卫生检查。

第四十九条　对从事中药材生产的有关人员应定期培训与考核。

第五十条　中药材产地应设厕所或盥洗室，排出物不应对环境及产品造成污染。

第五十一条　生产企业生产和检验用的仪器、仪表、量具、衡器等其适用范围和精密度应符合生产和检验的要求，有明显的状态标志，并定期校验。

## 第九章　文件管理

第五十二条　生产企业应有生产管理、质量管理等标准操作规程。

第五十三条　每种中药材的生产全过程均应详细记录，必要时可附照片或图像。记录应包括：

(一)种子、菌种和繁殖材料的来源；

(二)生产技术与过程：

1. 药用植物播种的时间、数量及面积；育苗、移栽以及肥料的种类、施用时间、施用量、施用方法；农药中包括杀虫剂、杀菌剂及除莠剂的种类、施用量、施用时间和方法等。

2. 药用动物养殖日志、周转计划、选配种记录、产仔或产卵记录、病例病志、死亡报告书、死亡登记表、检免疫统计表、饲料配合表、饲料消耗记录、系谱登记表、后裔鉴定表等。

3. 药用部分的采收时间、采收量、鲜重和加工、干燥、干燥减重、运输、贮藏等。

4. 气象资料及小气候的记录等。

5. 药材的质量评价：药材性状及各项检测的记录。

第五十四条　所有原始记录、生产计划及执行情况、合同及协议书等均应存档，至少保存 5 年。档案资料应有专人保管。

## 第十章　附　则

第五十五条　本规范所用术语：

（一）中药材　指药用植物、动物的药用部分采收后经产地初加工形成的原料药材。

（二）中药材生产企业　指具有一定规模、按一定程序进行药用植物栽培或动物养殖、药材初加工、包装、贮存等生产过程的单位。

（三）最大持续产量　即不危害生态环境，可持续生产（采收）的最大产量。

（四）道地药材　传统中药材中具有特定的种质、特定的产区或特定的生产技术和加工方法所生产的中药材。

（五）种子、菌种和繁殖材料　植物（含菌物）可供繁殖用的器官、组织、细胞等，菌物的菌丝、子实体等；动物的种物、仔、卵等。

（六）病虫害综合防治　从生物与环境整体观点出发，本着预防为主的指导思想和安全、有效、经济、简便的原则，因地制宜，合理运用生物的、农业的、化学的方法及其他有效生态手段，把病虫的危害控制在经济阈值以下，以达到提高经济效益和生态效益之目的。

（七）半野生药用动植物　指野生或逸为野生的药用动植物辅以适当人工抚育和中耕、除草、施肥或喂料等管理的动植物种群。

第五十六条　本规范由国家药品监督管理局负责解释。

第五十七条　本规范自 2002 年 6 月 1 日起施行。

# 附录二　中药材规范化生产允许使用的肥料种类和使用原则

## 一、允许使用的肥料种类

**1. 农家肥料**　系指自行就地取材、积制、就地使用的，含有大量生物物质、动植物残体、排泄物、生物废物等物质的各种有机肥料。施用农家肥料不仅能为农作物提供全面营养，而且肥效长，可以增加和更新土壤有机质，促进微生物繁殖，改善土壤的理化性质和生物活性，是生产中药材规范化产品的主要养分来源。

①堆肥　以各类秸秆、落叶、山青、湖草、人畜粪便为原料，与少量泥土混合堆积而成的一种有机肥料。

②沤肥　沤肥所用物料与堆肥基本相同，只是在淹水条件下（嫌气性）进行发酵而成。

③厩肥　系指猪、牛、马、羊、鸡、鸭等禽畜的粪尿与秸秆垫料堆制成的肥料。

④沼气肥　在密封的沼气池中，有机物在嫌气条件下腐解产生沼气的副产物。包括沼气液和残渣。

⑤绿肥　利用栽培或野生的绿色植物体作肥料。主要分为豆科和非豆科两大类。豆科有绿豆、蚕豆、草木樨、沙打旺、田菁、苜蓿、柽柳、紫云英和苕子等。非豆科绿肥，最常用的有禾本科，如黑麦草；十字花科，如肥田萝卜；菊科，如肿柄菊、小葵子；满江红科，如满江红；雨久花科，如水葫芦；苋科，如水花生等。

⑥作物秸秆　农作物的秸秆是重要的有机肥源之一。作物秸秆含有相当数量的为作物所必需的营养元素（N、P、K、Ca、S 等）。在适宜的条件下通过土壤微生物的作用，这些元素经过矿化再回到土壤中，为作物所吸收利用。

⑦泥肥　未经污染的河泥、塘泥、沟泥、港泥和湖泥等。

⑧饼肥　菜籽饼、棉籽饼、豆饼、芝麻饼、花生饼、蓖麻饼和茶籽饼等。

**2. 商品肥料**　按国家法规规定受国家肥料部门管理，以商品形式出售的肥料。

①商品有机肥料　是指以大量生物物质、动植物残体、排泄物、生物废物等物质为原料，加工制成的商品肥料。

②腐殖酸类肥料　是指泥炭(草炭)、褐煤、风化煤等含有腐殖酸类物质的肥料。

**3. 微生物肥料**　是指用特定的微生物菌种培养生产具有活性的微生物制剂。它无毒无害，不污染环境，通过特定微生物的生命活动能改善植物的营养，或产生植物生长激素，促进植物生长。根据微生物肥料对改善植物营养元素的不同，可分成 5 类：

①根瘤菌肥料　能在豆科植物上形成根瘤，可同化空气中的氮气，改善豆科植物的氮素营养。有花生、大豆、绿豆等根瘤菌剂。

②固氮菌肥料　能在土壤中和很多作物根际固定空气中的氮气，为作物提供氮素营养；又能分泌激素刺激作物生长。有自生固氮菌，联合固氮菌剂等。

③磷细菌肥料　能把土壤中难溶性磷转化为可以利用的有效磷，改善作物磷素营养。有磷细菌、解磷细菌和菌根菌剂等。

④硅酸盐细菌肥料　能对土壤中云母、长石等含钾的铝硅酸盐及磷灰石进行分解。释放出钾、磷与其他灰分元素，改善作物的营养条件。有硅酸盐细菌、其他解钾微生物制剂等。

⑤复合微生物肥料　含有 2 种以上有益的微生物(固氮菌、磷细菌、硅酸盐细菌或其他一些细菌)，它们之间互不拮抗并能提高作物一种或几种营养元素的供应水平，并含有生理活性物质的制剂。

**4. 半有机肥料(有机复合肥)**　由有机和无机物质混合或化合制成的肥料。①经无害化处理后的畜禽粪便，加入适量的锌、锰、硼、钼等微量元素制成的肥料。②发酵废液干燥复合肥料：以发酵工业废液干燥物质为原料，配合种植蘑菇或养禽用的废弃混合物制成的肥料。

**5. 无机(矿物质)肥料**　①矿物质经物理或化学工业方式制成，养分呈无机盐形式的肥料。②矿物钾肥和硫酸钾。③矿物磷肥(磷矿粉)。④煅烧磷酸盐(钙镁磷肥、脱氟磷肥)。⑤石灰石(限在酸性土壤使用)。⑥粉状硫肥(限在碱性土壤使用)。

**6. 叶面肥料** 喷施于植物叶片并能被其吸收利用的肥料,叶面肥料中不得含有化学合成的生长调节剂。

①微量元素肥料 以 Cu、Fe、Mn、Zn、B、Mo 等微量元素及有益元素为主配制的肥料。

②植物生长辅助物质肥料 用天然有机物提取液或接种有益菌类的发酵液,再配加一些腐殖酸、藻酸、氨基酸、维生素和糖等配制的肥料。

**7. 其他肥料** ①包括不含合成添加剂的食品、纺织工业的有机副产品。②包括不含防腐剂的鱼渣、牛羊毛废料、骨粉、氨基酸残渣、骨胶废渣、家畜加工废料、糖厂废料等有机物料制成的肥料。

## 二、使用原则

1. 尽量选用本标准规定允许使用的肥料种类。如生产上实属必需,允许生产基地有限度地使用部分化学合成肥料。但禁止使用硝态氮肥。

2. 化肥必须与有机肥配合施用,有机氮与无机氮之比以 1∶1 为宜,大约厩肥 1 000 千克加尿素 20 千克(厩肥作基肥、尿素可作基肥和追肥用)。最后 1 次追肥必须在收获前 30 天进行。

3. 化肥也可与有机肥、微生物肥配合施用。厩肥 1 000 千克,加尿素 10 千克或磷酸二铵 20 千克,微生物肥料 60 千克(厩肥作基肥,尿素、磷酸二铵和微生物肥料作基肥和追肥用)。最后 1 次追肥必须在收获前 30 天进行。

4. 城市生活垃圾在一定的情况下使用是安全的,但要防止金属、橡胶、砖瓦石块的混入,还要注意垃圾中经常含有重金属和有害毒物等。因此城市生活垃圾要经过无害化处理,质量达到国家标准后才能使用。每年每 667 平方米农田限制用量,黏性土壤不超过 3 000 千克,沙性土壤不超过 2 000 千克。

5. 秸秆还田：有堆沤还田（堆肥、沤肥、沼气肥）、过腹还田（牛、马、猪等牲畜粪尿）、直接翻压还田、覆盖还田等多种形式。各地可因地制宜。秸秆直接翻入土中，注意盖土要严，不要产生根系架空现象，并加入含氮丰富的人、畜粪尿调节碳氮比，以利于秸秆分解。允许和少量氮素化肥调节碳氮比。

6. 绿肥：利用形式有覆盖、翻入土中、混合堆沤。栽培绿肥最好在盛花期翻压，翻埋深度为 15 厘米左右，盖土要严，翻后耙匀。压青后 15～20 天才能进行播种或移苗。

7. 腐熟的达到无害化要求的沼气肥水，及腐熟的人、畜粪尿可用作追肥。严禁使用未经腐熟的人粪尿。

8. 叶面肥料，喷施于作物叶片。可施 1 次或多次，但最后 1 次必须在收获前 20 天喷施。

9. 微生物肥料可用于拌种，也可作基肥和追肥使用。使用时应严格按照使用说明书的要求操作。

## 三、其他规定

1. 鼓励研究、开发、生产和使用有利于某种或某类中药材生长需要的中药材专用肥。

2. 秸秆烧灰还田方法只有在病虫害发生严重的地块采用较为适宜。应当尽量避免盲目放火烧灰的做法。

3. 生产中药材规范化产品的农家肥料无论采用何种原料（包括人畜粪尿、秸秆、杂草、泥炭等）制作堆肥，必须高温发酵，以杀灭各种寄生虫卵和病原菌、杂草种子，去除有害有机酸和有害气体，使之达到无害化卫生标准。

4. 农家肥料，原则上就地生产就地使用。外来农家肥料应确认符合要求后才能使用。商品肥料及新型肥料必须通过国家有关部门的登记认证及生产许可。

5. 因施肥，造成土壤、水源污染，或影响农作物生长、农产品达不到卫生标准时，要停止施用这些肥料。

# 附录三　中药材规范化生产允许和禁止使用的农药种类及使用原则

## 一、允许使用的农药种类

**1. 生物源农药**　生物源农药是指直接利用生物活体或生物代谢过程中产生的具有生物活性的物质或从生物体提取的物质作为防治病虫草害的农药。

(1)微生物源农药

①农用抗生素　防治真菌病害:灭瘟素,春雷霉素,多抗霉素(多氧霉素),井冈霉素,农抗120。防治螨类:浏阳霉素,华光霉素。

②活体微生物农药　真菌剂:绿僵菌,鲁保一号。细菌剂:苏云金杆菌,乳状芽胞杆菌。拮抗菌剂:"5406",菜丰宁 $B_1$。线虫:昆虫病原线虫。原虫:微孢子原虫。病毒:核多角体病毒;颗粒体病毒。

(2)动物源农药　昆虫信息素(或昆虫外激素):如性信息素。活体制剂:寄生性、捕食性的天敌动物。

(3)植物源农药　杀虫剂:除虫菊素、鱼藤酮、烟碱、植物油乳剂。杀菌剂:大蒜素。拒避剂:印楝素、苦楝、川楝素。增效剂:芝麻素。

**2. 矿物源农药**　有效成分起源于矿物的无机化合物和石油类农药。

(1)无机杀螨杀菌剂　硫制剂:硫悬浮剂,可湿性硫,石硫合剂。铜制剂:硫酸铜,王铜,氢氧化铜,波尔多液。

(2)矿物油乳剂

**3. 有机合成农药**　由人工研制合成,并由有机化学工业生产的商品化的一类农药,包括杀虫杀螨剂,杀菌剂,除草剂。此类农药只允许在中药材规范化产品生产上限量使用。

详见附表1。

## 附表 1　中药材规范化(GAP)生产中可以限量使用的有机合成农药种类

| 农药名称 | 急性口服毒性 | 剂　型 | 防治对象 | 每 667 米$^2$每次施用量和稀释倍数 | 施药方法 | 每季作物最多使用次数 | 最后 1 次施药距采收间隔期 |
|---|---|---|---|---|---|---|---|
| 马拉硫磷<br>malathion | 低　毒 | 50%乳油 | 蚜虫、鳞翅目害虫 | 1500～2500 倍 | 喷　雾 | 1 | 不少于 7 天 |
| 辛硫磷<br>phoxim | 低　毒 | 50%乳油 | 蚜虫、鳞翅目害虫 | 1500～2500 倍 | 喷　雾 | 1 | 不少于 5 天 |
| 敌百虫<br>trichlorpon | 低　毒 | 90%固体 | 地下害虫、鳞翅目害虫等 | 500～1000 倍 | 毒　土<br>喷　雾 | 5 | 不少于 7 天 |
| 敌敌畏<br>dichiorvos | 中等毒 | 50%乳油<br>80%乳油 | 蚜虫、鳞翅目害虫 | 150～250 克<br>500～1000 倍 | 喷　雾 | 5 | 不少于 5 天 |
| 乐　果<br>dinethoate | 中等毒 | 40%乳油 | 蚜虫、鳞翅目害虫 | 1000～2000 倍 | 喷　雾 | 6 | 不少于 7 天 |
| 定虫隆<br>(拟太保)<br>chilrfluazuron | 低　毒 | 5%乳油 | 鳞翅目幼虫 | 40～140 倍 | 喷　雾 | 3 | 7 天 |
| 除虫脲<br>diflubenzuron | 低　毒 | 20%悬浮剂 | 鳞翅目幼虫 | 1600～3200 倍 | 喷　雾 | 2 | 30 天 |
| 塞螨酮<br>(尼索朗)<br>hexyhiazox | 低　毒 | 5%乳油<br>5%可湿性粉剂 | 螨 | 1500～2000 倍 | 喷　雾 | 2 | 30 天 |

**续附表 1**

| 农药名称 | 急性口服毒性 | 剂型 | 防治对象 | 每667米$^2$每次施用量和稀释倍数 | 施药方法 | 每季作物最多使用次数 | 最后1次施药距采收间隔期 |
|---|---|---|---|---|---|---|---|
| 克螨特 propargite | 低毒 | 73%乳油 | 螨 | 2000～3000倍 | 喷雾 | 6 | 不少于21天 |
| 抗蚜威（辟蚜雾）pirimicarb | 中等毒 | 50%可湿性粉剂 | 蚜虫 | 10～20克 | 喷雾 | 2 | 14天 |
| 氯氰菊酯 cypermethrin | 中等毒 | 10%乳油 | 蚜虫、鳞翅目幼虫 | 2000倍 | 喷雾 | 4 | 7天 |
| 溴氰菊酯（速灭杀丁）fenvalerat | 中等毒 | 2.5%乳油 | 黏虫、蚜虫、食心虫 | 10～25毫升 | 喷雾 | 2 | 7天 |
| 氰戊菊酯 | 中等毒 | 20%乳油 | 蚜虫、螟虫、食心虫 | 20～40毫升 | 喷雾 | 1 | 10天 |
| 百菌清 chlorothalonil | 低毒 | 75%可湿性粉剂 | 霜霉病 | 500～600倍 | 喷雾 | 4 | 3天 |
| 甲霜灵（瑞毒霉）matalaxyl | 低毒 | 58%可湿性粉剂 | 霜霉病 | 500～800倍 | 喷雾 | 3 | 21天 |
| 多菌灵 carbendazin | 低毒 | 25%可湿性粉剂 | 霜霉病、菌核病 | 500～1000倍 | 喷雾 | 2 | 不少于5天 |

**续附表 1**

| 农药名称 | 急性口服毒性 | 剂　型 | 防治对象 | 每 667 米$^2$每次施用量和稀释倍数 | 施药方法 | 每季作物最多使用次数 | 最后 1 次施药距采收间隔期 |
|---|---|---|---|---|---|---|---|
| 异菌脲（扑海因）iprodione | 低　毒 | 25%悬浮剂 | 菌核病 | 140～200 毫升 | 喷　雾 | 2 | 50 天 |
| 腐霉利（二甲菌核利）procymidone | 低　毒 | 50%可湿性粉剂 | 灰霉病、菌核病 | 40～50 克 | 喷　雾 | 3 | 1 天 |
| 三唑酮（粉锈宁）triadimefon | 低　毒 | 25%可湿性粉剂 | 锈病 | 500～1000 倍 | 喷　雾 | 2 | 不少于 3 天 |

## 二、禁止使用的农药种类

详见附表 2。

**附表 2　中药材规范化产品生产中禁止使用的化学农药种类**

| 种　类 | 农药名称 | 禁用原因 |
|---|---|---|
| 无机砷杀虫剂 | 砷酸钙、砷酸铅 | 高　毒 |
| 有机砷杀菌剂 | 甲基胂酸锌、甲基胂酸铁铵（田安）、福美甲胂、福美胂 | 高残毒 |
| 有机锡杀菌剂 | 薯瘟锡（三苯基醋酸锡）、三苯基氯化锡和毒菌锡 | 高残留 |
| 有机汞杀菌剂 | 氯化乙基汞（西力生）、醋酸苯汞（赛力散） | 剧毒、高残毒 |

**续附表 2**

| 种　类 | 农药名称 | 禁用原因 |
| --- | --- | --- |
| 氟制剂 | 氟化钙、氟化钠、氟乙酸钠、氟乙酰胺、氟铝酸钠、氟硅酸钠 | 剧毒、高毒、易药害 |
| 有机氯杀虫剂 | 滴滴涕、六六六、林丹、艾氏剂、狄氏剂 | 高残毒 |
| 有机氯杀螨剂 | 三氯杀螨醇 | 我国生产的工业品中含有一定数量的滴滴涕 |
| 卤代烷类熏蒸杀虫剂 | 二溴乙烷、二溴氯丙烷 | 致癌、致畸 |
| 有机磷杀虫剂 | 甲拌磷、乙拌磷、久效磷、对硫磷、甲基对硫磷、甲胺磷、甲基异柳磷、治螟磷、氧化乐果、磷胺 | 高　毒 |
| 有机磷杀菌剂 | 稻瘟净、异稻瘟净 | 米异臭 |
| 氨基甲酸酯杀虫剂 | 克百威、涕灭威、灭多威 | 高　毒 |
| 二甲基甲脒类杀虫杀螨剂 | 杀虫脒 | 慢性毒性、致癌 |
| 拟除虫菊酯类杀虫剂 | 所有拟除虫菊酯类杀虫剂 | 对鱼毒性大 |
| 取代苯类杀虫杀菌剂 | 五氯硝基苯、稻瘟醇(五氯苯甲醇) | 国外有致癌报道或2次药害 |
| 植物生长调节剂 | 有机合成植物生长调节剂 | |
| 二苯醚类除草剂 | 除草醚、草枯醚 | 慢性毒性 |
| 除草剂 | 各类除草剂 | |

## 三、使用原则

中药材规范化产品生产应从作物-病虫草等整个生态系统出发，综合运用各种防治措施，创造不利于病虫草害孳生和有利于各类天敌繁衍的环境条件，保持农业生态系统的平衡和生物多样化，减少各类病虫草害所造成的损失。

优先采用农业措施，通过选用抗病抗虫品种，非化学药剂种子处理，培育壮苗，加强栽培管理，中耕除草，秋季深翻晒土，清洁田园，轮作倒茬、间作套种等一系列措施起到防治病虫的作用。

还应尽量利用灯光、色彩诱杀害虫，机械捕捉害虫，机械和人工除草等措施，防治病虫草害。特殊情况下，必须使用农药时，应遵守以下原则：

1. 允许使用植物源杀虫剂、杀菌剂、拒避剂和增效剂。如除虫菊素、鱼藤根、烟草水、大蒜素、苦楝、川楝、印楝、芝麻素等。

2. 允许释放寄生性捕食性天敌动物，如赤眼蜂、瓢虫、捕食螨、各类天敌蜘蛛及昆虫病原线虫等。

3. 允许在害虫捕捉器中使用昆虫外激素如性信息素或其他动植物源引诱剂。

4. 允许使用矿物油乳剂和植物油乳剂。

5. 允许使用矿物源农药中硫制剂、铜制剂。

6. 允许有限度地使用活体微生物农药，如真菌制剂、细菌制剂、病毒制剂、放线菌、拮抗菌剂、昆虫病原线虫、原虫等。

7. 允许有限度地使用农用抗生素，如春雷霉素、多抗霉素(多氧霉素)、井冈霉素、农抗 120 等防治真菌病害，浏阳霉素防治螨类。

8. 严格禁止使用剧毒、高毒、高残留或者具有三致(致癌、致畸、致突变)的农药(参见附表 2)。

9. 如生产上实属必需，允许生产基地有限度地使用部分有机合成化学农药，并严格按照附表 1 中规定的方法使用。

① 应先用附表 1 中列出的低毒农药和个别中等毒性农药。如需

使用附表1中未列出的农药新品种，须报经中国中药材规范化产品发展中心审批。

② 有机合成农药在农产品中的最终残留应从严掌握，采用国际上最低的残留限量标准或为国家标准的1/2。

③ 最后1次施药距采收间隔天数不得少于附表1中规定的日期(中药材规范化产品生产中的最后1次施药时间，较国家规定的安全间隔期严格)。

④ 每种有机合成农药在2种作物的生长期内只允许使用1次(使用次数较国际大为减少)。

⑤ 在使用混配有机合成化学农药的各种生物源农药时，混配的化学农药只允许选用附表1中列出的品种。

⑥严格控制各种遗传工程微生物制剂(Genetical Engineered Microorganisms，GEM)的使用。

# 附录四 药用植物及制剂进出口绿色行业标准

中华人民共和国对外贸易经济合作部公告

（2001年第4号）

中华人民共和国外经贸行业《药用植物及制剂进出口绿色行业标准》经外经贸部批准，现予发布。

该标准自2001年7月1日起实施，编号为WM2—2001，其中第4部分为强制性内容，其余部分为推荐性内容。标准由对外贸易经济合作部归口管理，中国医药保健品进出口商会负责解释，中国标准出版社出版发行。

## 前 言

《药用植物及制剂进出口绿色行业标准》是中华人民共和国对外经济贸易活动中，药用植物及其制剂进出口的重要质量标准之一。适用于药用植物原料及制剂的进出口品质检验。

本标准第4部分为强制性内容，其余部分为推荐性内容。

本标准自2001年07月01日实施。

本标准由中华人民共和国对外贸易经济合作部发布并归口管理。本标准由中国医药保健品进出口商会负责解释。

本标准由中国医药保健品进出口商会、中国医学科学院药用植物研究所、北京大学公共卫生学院、中国药品生物制品检定所、天津达仁堂制药厂负责起草。

本标准主要起草人：关立忠、陈建民、张宝旭、高天兵、徐晓阳。

**1 范围**

本标准规定了药用植物及制剂的绿色品质标准，包括药用植物原料、饮片、提取物，及其制剂等的质量标准及检验方法。

本标准适用于药用植物原料及制剂的进出口品质检验。

## 2　术语

### 2.1　绿色药用植物及制剂

系指经检测符合特定标准的药用植物及其制剂。经专门机构认定,许可使用绿色标志。

### 2.2　植物药

系指用于医疗、保健目的的植物原料和植物提取物。

### 2.3　植物药制剂

系指经初步加工,以及提取纯化植物原料而成的制剂。

## 3　引用标准

下列标准包含的条文,通过本标准中引用而构成本标准的条文。本标准出版时,所示版本均为有效。所有标准都会被修订,使用本标准的各方应探讨使用下列最新版本的可能性。

**3.1**　《中华人民共和国药典》(2000 年版一部):附录 IXE 重金属检测方法。

**3.2**　GB/T 5009.12—1996　食品中铅的测定方法(原子吸收光谱法)。

**3.3**　GB/T 5009.15—1996　食品中镉的测定方法(原子吸收光谱法)。

**3.4**　GB/T 5009.17—1996　食品中总汞的测定方法(冷原子吸收光谱法)(测汞仪法)。

**3.5**　GB/T 5009.13—1996　食品中铜的测定方法(原子吸收光谱法)。

**3.6**　GB/T 5009.11—1996　食品中总砷的测定方法。

**3.7**　SN 0339—1995　出口茶叶中黄曲霉毒素 $B_1$ 的检验方法。

**3.8**　《中华人民共和国药典》(2000 年版一部):附录 IX Q 有机氯农药残留量测定法(附录 60)。

**3.9**　《中华人民共和国药典》(2000 年版一部):附录 XIII C 微生物限度检查法。

## 4　限量指标

### 4.1　重金属及砷盐

**4.1.1** 重金属总量≤20.0毫克/千克；

**4.1.2** 铅(Pb)≤5.0毫克/千克；

**4.1.3** 镉(Cd)≤0.3毫克/千克；

**4.1.4** 汞(Hg)≤0.2毫克/千克；

**4.1.5** 铜(Cu)≤20.0毫克/千克；

**4.1.6** 砷(As)≤2.0毫克/千克；

**4.2 黄曲霉毒素含量**

**4.2.1** 黄曲霉毒素 $B_1$(Aflatoxin≤5微克/千克,暂定)。

**4.3 农药残留量**

**4.3.1** 六六六(BHC)≤0.1毫克/千克；

**4.3.2** 滴滴涕(DDT)≤0.1毫克/千克；

**4.3.3** 五氯硝基苯(PCNB)≤0.1毫克/千克；

**4.3.4** 艾氏剂(Aldrin)≤0.02毫克/千克。

**4.4** 微生物限度:个/克,个/毫升

参照《中华人民共和国药典》(2000年版一部)规定执行。(注射剂除外)。

**4.5** 除以上标准外,其他质量应符合《中华人民共和国药典》(2000年版一部)规定(如要求)。

**5 检测方法**

**5.1 指标检验**

**5.1.1** 重金属总量:《中华人民共和国药典》(2000年版一部):附录Ⅸ E重金属检测方法。

**5.1.2** 铅:GB/T 5009.12—1996食品中铅的测定方法(原子吸收光谱法)。

**5.1.3** 镉:GB/T 5009.15—1996食品中镉的测定方法(原子吸收光谱法)。

**5.1.4** 总汞:GB/T 5009.17—1996食品中总汞的测定方法(冷原子吸收光谱法)(测汞仪法)。

**5.1.5** 铜:GB/T 5009.13—1996食品中铜的测定方法(原子吸收光谱法)。

**5.1.6** 总砷:GB/T 5009.11—1996 食品中总砷的测定方法。

**5.1.7** 黄曲霉毒素 $B_1$(暂定):SN 0339—1995 出口茶叶中黄曲霉毒素 $B_1$ 的检验方法。

**5.1.8** 《中华人民共和国药典》(2000 年版一部):附录Ⅸ Q 有机氯农药残留量测定法(附录 60)。

**5.1.9** 《中华人民共和国药典》(2000 年版一部):附录ⅩⅢ C 微生物限量检查法。

**5.2** 其他理化检验:

**5.2.1** 按《中华人民共和国药典》(2000 年版一部)规定执行。

## 6 检测规则

**6.1** 进出口产品需按本标准经指定检验机构检验合格后,方可申请使用药用植物及制剂进出口绿色标志。

### 6.2 交收检验

**6.2.1** 交收检验取样方法及取样量参照《中华人民共和国药典》(2000 年版一部)有关规定执行。

**6.2.2** 交收检验项目,除上述标准指标外,还要检验理化指标(如要求)。

### 6.3 型式检验

**6.3.1** 对企业常年进出口的品牌产品和地产植物药材经指定检验机构化验,在规定的时间内药品质量稳定又有规范的药品质量保证体系,型式检验每半(壹)年进行 1 次,有下列情况之一,应进行复检。

A. 更改原料产地;

B. 配方及工艺有较大变化时;

C. 产品长期停产或停止出口后,恢复生产或出口时。

**6.3.2** 型式检验项目及取样同交收检验。

### 6.4 判定原则

检验结果全部符合本标准者,为绿色标准产品。否则,在该批次中抽取两份样品复验一次。若复验结果仍有一项不符合本标准规定,则判定该批产品为不符合绿色标准产品。

### 6.5 检验仲裁

对检验结果发生争议，由中国进出口商品检验技术研究所或中国药品生物制品检定所进行检验仲裁。

## 7 包装、标志、运输和贮存

### 7.1 包装容器

应该用干燥、清洁、无异味以及不影响品质的材料制成。包装要牢固、密封、防潮，能保护品质。包装材料应易回收、易降解。

### 7.2 标志

产品标签使用中国药用植物及制剂进出口绿色标志，具体执行应遵照中国医药保健品进出口商会有关规定。

### 7.3 运输

运输工具必须清洁、干燥、无异味、无污染，运输中应防雨、防潮、防暴晒、防污染，严禁与可能污染其品质的货物混装运输。

### 7.4 贮存

产品应贮存在清洁、干燥、阴凉、通风、无异味的专用仓库中。

# 主要参考文献


［1］ 国家药典委员会．中华人民共和国药典(M)，(2000年版一部)．北京：化学工业出版社，2000.

［2］ 中国科学院植物研究所．中国高等植物图鉴[M]，第二册．北京：科学出版社，1972:782.

［3］ 中国科学院植物研究所．中国高等植物图鉴[M]，第四册．北京：科学出版社，1975:344，349.

［4］ 中国科学院中国植物志编辑委员会．中国植物志[M]，第73卷第1分册．北京:科学出版社，1986:122，266-276.

［5］《全国中草药汇编》编写组．全国中草药汇编(上册)[M]．北京：人民卫生出版社，1978:467，734.

［6］ 徐国钧，王强，曾金虎，等．中草药彩色图谱[M]．福州：福建科学技术出版社，1990:826-827，872-873.

［7］ 詹亚华．药用植物学[M]．北京：中国医药科技出版社，1988:258.

［8］ 中国医学科学院药用植物资源开发研究所．中国药用植物栽培学[M]．北京:农业出版社，1991:1062-1065.

［9］ 徐良，徐鸿华，黄兆胜，等．中国名贵药材规范化栽培与产业化开发新技术[M]．北京:中国协和医科大学出版社，2001:268-272.

［10］ 吴征镒，陈书坤．中国绞股蓝属(葫芦科)的研究[J]．植物分类学报，1983，21(4)：355-369.

［11］ 陈建国．绞股蓝与其混淆品乌蔹莓的本草考释

[J]. 中草药,1990,(9):40.

[12] 章伟成,金崇华. 林内栽培绞股蓝[J]. 中国林副特产,1991(3):34-35.

[13] 张登科,孙文基. 引种绞股蓝化学成分研究[J]. 中药材,1994,17(2):33-35.

[14] 万毅,池建雄. 绞股蓝的研究与利用[J]. 安徽中医学院学报,1995,14(3):66-68.

[15] 陈书坤. 绞股蓝属植物的分类系统和分布[J]. 植物分类学报,1995,33(4):403-410.

[16] 周和平. 葫芦科植物绞股蓝皂苷成分与药理[J]. 药学通报,1988,23(12):720.

[17] 王昭晶,罗巅辉. 碱提绞股蓝水溶性多糖的研究[J]. 食品研究与开发,2006,27(5):92.

[18] 杨静. 绞股蓝化学成分研究[J]. 陕西中医,2000,21(8):377.

[19] 刘贤铭,王铁僧. 绞股蓝及其混淆品种的鉴别[J]. 时珍国医国药,2006,17(4):610-611.

[20] 刘世彪,张代贵,胡正海. 绞股蓝与易混淆品雪胆的鉴别[J]. 中国民族民间医药杂志,2007(84):46-49.

[21] 沈宏伟,肖彦春,车仁国,等. 绞股蓝化学成分研究的现状[J]. 时珍国医国药,2008,19(7):1561-1564.

[22] 刘欣,叶文才,萧文鸾,等. 绞股蓝的化学成分研究[J]. 中国药科大学学报,2003,34(1):21.

[23] 任颖,王秋玉,吴泽民,等. 绞股蓝皂苷的药理研究进展[J]. 中华实用中西医杂志,2001,14(5):988.

[24] 侯慧丽,傅童生. 绞股蓝的化学成分与药理作用研究进展[J]. 动物医学进展,2006,27(Z1):59.

[25] 覃章铮,赵蕾,毕世荣,等. 绞股蓝的皂苷成分及资源[J]. 天然产物研究与开发,1992,4(1):83.

[26] 向善荣,胡文新,张棣芬,等. 绞股蓝优良品种选育[J]. 江西农业学报,1998,10(4):38-45.

[27] 刘金龙,郑小江,赵玲,等. 绞股蓝新品种'恩七叶甜'[J]. 园艺学报,2007,34(5):1340.

[28] 刘金龙,郑小江,赵玲,等. 绞股蓝新品种'恩五叶蜜'[J]. 园艺学报,2007,34(6):1596.